ÉLÉMENTS D'AGRICULTURE

DES INSTITUTIONS D'INSTRUCTION PRIMAIRE

ET SECONDAIRE

PAR

ROUFFIA (Côme)

ANCIEN DIRECTEUR DE L'ÉCOLE MUTUELLE
COMMUNALE DE PERPIGNAN,

**Membre correspondant de la Société agricole,
scientifique et littéraire des Pyrénées-Orientales et de
plusieurs autres Sociétés,**

AUTEUR DE L'AMPÉLOGRAPHIE DU ROUSSILLON

——————

EN VENTE A LA LIBRAIRIE ROURE, RUE MAILLY

Perpignan — Imprimerie de l'Indépendant, rue des Fabriques-Nayrot

1875

ÉLÉMENTS D'AGRICULTURE

A L'USAGE

DES INSTITUTIONS D'INSTRUCTION PRIMAIRE

ET SECONDAIRE

PAR

ROUFFIA (Côme)

ANCIEN DIRECTEUR DE L'ÉCOLE MUTUELLE
COMMUNALE DE PERPIGNAN,

**Membre correspondant de la Société agricole,
scientifique et littéraire des Pyrénées-Orientales et de
plusieurs autres Sociétés.**

AUTEUR DE L'AMPÉLOGRAPHIE DU ROUSSILLON.

EN VENTE A LA LIBRAIRIE MORER, RUE MAILLY, 27,

Perpignan. — Imprimerie de l'Indépendant, rue des Fabriques-Naabot.

1875

AVANT-PROPOS.

Messieurs les Ministres de l'instruction publique et de l'agriculture ont manifesté l'intention dans plusieurs circonstances, et à présent plus que jamais, de faire enseigner les éléments d'agriculture dans les écoles publiques. Je crois répondre à leurs vœux par la production d'un Cours d'agriculture à l'usage des écoles primaires et d'enseignement secondaire.

En Allemagne, dans la Saxe surtout, l'agriculture est depuis longtemps professée dans toutes les écoles, et bien mieux encore dans des écoles spéciales d'où sortent des hommes du premier mérite. Si dans les premières de ces écoles, les élèves n'acquièrent pas, comme dans les secondes, des connaissances fort étendues sur l'art agricole, ils possèdent du moins les premiers éléments de la science et ont reçu les inspirations du goût des améliorations et des bonnes pratiques, lesquelles, plus tard, doivent les porter à perfectionner les méthodes de leurs devanciers. C'est ce résultat qu'on doit chercher à obtenir dans le département des Pyrénées-Orientales; et pour qu'il soit réalisé, il importe que des cours particuliers soient établis dans les écoles primaires et dans tous les établissements d'enseignement secondaire.

J'ai donc pensé qu'un livre de classe proprement dit et purement didactique, où les éléments de l'art agricole seraient exposés dans un ordre simple et méthodique, conviendrait aux instituteurs des campagnes, dont le plus grand nombre n'ont jamais reçu aucune notion d'agriculture.

Plusieurs agronomes, d'ailleurs fort instruits, ont publié des ouvrages qu'ils ont prétendu rendre élémentaires ; mais ces ouvrages ont le défaut de ne pas être classiques. Les auteurs n'ont donc pas atteint le but qu'ils s'étaient proposé, parce qu'ils n'avaient pas enseigné dans des écoles.

Mon ouvrage, qui pourra servir aussi comme livre de lecture courante, est établi en chapitres, dont chacune de leurs parties, est suivie d'un questionnaire qui a pour but de forcer l'élève à raisonner et à prouver qu'il a compris les principes qu'il a étudiés et qui lui auront été expliqués. Il est composé de manière à faciliter l'étude à l'élève et l'enseignement au maître. Celui-ci comprendra qu'il a entre les mains un livre qui procède graduellement et n'exige de sa part que les connaissances nécessaires pour embrasser l'ensemble de la science, sauf à lui à prendre des renseignements dans des livres plus étendus ; renseignements qui ne peuvent qu'être indiqués dans un cours élémentaire, et dont il pourra se servir pour donner des explications plus détaillées suivant les cas et les circonstances.

Si dans mon travail je ne me suis pas écarté

des procédés de culture usités dans le Roussillon, j'ai dû nécessairement faire connaître ceux qui sont employés dans d'autres pays plus en progrès que le nôtre. J'ai dû encore, en parlant des instruments aratoires, ne pas passer sous silence ceux dont on se sert avec succès dans ces régions.

L'agriculture roussillonnaise est stationnaire, parce qu'elle est abandonnée à des hommes appelés fermiers, lesquels n'ont pas en général l'instruction nécessaire pour chercher dans les bons ouvrages qui existent sur cette matière les moyens de sortir de la routine. Ainsi, j'ai dû parler de la marne et du falun, ces matières si fécondantes et ignorées dans notre pays, quoiqu'il y en ait plusieurs gisements que j'ai indiqués. Je recommande la culture des plantes et des racines fourragères qui seraient d'un grand secours pour nourrir les bestiaux dont le nombre pourrait être facilement augmenté.

Le Cours d'agriculture est précédé de notions de botanique que les plus petits agriculteurs devraient savoir. Elles expliquent aux élèves comment viennent et se forment les plantes. Les indications qu'elles renferment seront suffisantes pour des commençants.

Mon Cours est fait spécialement pour le Roussillon dont les cultures sont en grande partie différentes de celles des autres contrées, même du midi de la France.

NOTICE

SUR

M. COME ROUFFIA,

*Ancien Directeur de l'Ecole d'enseignement
mutuel de Perpignan.*

———❦———

L'auteur du *Cours d'agriculture* à l'usage des
établissements d'instruction des Pyrénées-Orientales n'est plus. M. Côme ROUFFIA est mort sans
avoir vu l'impression d'un de ses plus importants
travaux ; mais avant de s'éteindre, il a eu la satis-
faction d'apprendre que le Conseil général, appré-
ciant son œuvre, avait souscrit pour 100 exemplaires destinés aux écoles du département, et
son cœur s'est reposé sur la promesse que nous
lui avons faite d'en poursuivre la publication.

M. ROUFFIA était un de ces instituteurs d'élite
qui comprennent largement l'importance de leur
sainte mission. Qu'il soit permis à un de ses an-

ciens élèves, qui lui a toujours été aussi dévoué
que reconnaissant, de dire un mot de sa longue
vie toute consacrée au bien et faite pour servir
d'exemple aux instituteurs qui aspirent à se
montrer dignes de ce nom.

Côme ROUFFIA naquit à Perpignan, le 29 janvier 1790. Il apprit à lire et à tenir la plume au
bruit du canon espagnol, qui grondait menaçant
nos récentes libertés ; il entra au collège de Perpignan lorsque les menaces et les frayeurs furent
transportées chez l'étranger.

Son âme jeune et impressionnable était remplie
des efforts gigantesques qu'avait faits l'armée des
Pyrénées-Orientales pour refouler l'invasion de
Ricardos et des vastes projets qui allaient appeler
sur l'Espagne toutes les horreurs d'une guerre
dont les suites devaient emporter la fortune de la
France.

Après avoir terminé ses études, il fut nommé
chef de comptabilité au magasin des vivres de
Perpignan, où il resta attaché jusqu'en avril 1815,
dernier jour de l'immense épopée napoléon-
nienne.

Le Conseil général du département ayant résolu
de fonder à Perpignan une école modèle d'enseignement mutuel, M. ROUFFIA l'ouvrit le 1er mai
de l'année 1818. Il la dirigea avec les succès les
plus marqués jusqu'en 1823, et y introduisit l'étude
du dessin linéaire qui n'avait pas encore figuré

sur le programme de nos écoles primaires. Cette louable initiative lui valut une mention honorable et un encouragement, sérieux alors, d'une somme de 400 francs.

En 1823, le Conseil général refusa toute subvention à l'établissement qu'il avait lui-même créé. Les Frères devaient bientôt arriver à Perpignan.

M. ROUFFIA rentra au magasin des vivres qu'il quitta définitivement en février 1825.

En dotant l'enseignement primaire de la ville d'un cours de dessin linéaire, l'habile instituteur avait donné une preuve de son intelligence des besoins de la classe ouvrière ; en rédigeant un *Manuel complet de l'employé des subsistances militaires*, qui reçut l'approbation du ministre de la guerre, il montra qu'il connaissait à fond les détails d'une administration où il était resté plusieurs années. Ce passage dans une administration de l'armée lui fournit l'occasion de se distinguer par l'organisation du service des subsistances dans plusieurs places de la Catalogne et surtout par son dévouement chevaleresque. Il fut plusieurs fois signalé pour avoir, au milieu des plus grands dangers, pansé des blessés sur le champ de bataille ; il reçut même une blessure à la cuisse et fut porté pour la décoration.

En 1826, M. ROUFFIA ouvrit une école libre dont l'enseignement aussi solide que varié attira bientôt l'attention des pères de famille désireux de

donner à leurs enfants les principes d'une éducation forte et d'une instruction sérieuse.

En 1830, lorsque la France marcha de nouveau
sous un drapeau plus libéral que celui de 1815,
les Frères furent remplacés par des laïques. On
appela de Paris un instituteur capable de diriger
la nombreuse classe communale de Perpignan.

Cependant, malgré des promesses réitérées,
l'organisation générale de l'enseignement popu-
laire se faisait toujours attendre ; enfin en juin
1833 fut promulguée la fameuse loi Guizot, qui
aurait transformé la France si elle avait été rigou-
reusement exécutée. On dirait que notre pays est
la terre classique de l'inexécution des meilleures
lois ; on a toujours une raison quelconque pour
les éluder et du temps pour en différer l'applica-
tion. Voilà 42 ans, et que d'écoles à construire
encore ! que de lacunes à combler ! que d'abus à
faire disparaître !

La loi Guizot, sauf quelques imperfections,
(quelle loi n'en présente pas !) et de regrettables
lacunes (l'enseignement des filles, par exemple),
a rendu les plus grands services au pays. Au
moment de sa promulgation, il y eut un véritable
enthousiasme. Il fallait instruire les masses,
s'écriait-on de toutes parts, nous n'ajouterons
pas à tout prix, car, par un incompréhensible
non-sens, on a toujours marchandé le pain à
celui de qui on attend la régénération sociale.

Revenons à l'école de Perpignan. Le seul homme capable de diriger la classe d'enseignement mutuel dont les progrès, sous la direction d'un instituteur venu de Paris, étaient loin de répondre aux espérances, était bien M. ROUFFIA. Cette fois au moins le bon sens et la justice eurent le dessus. Il fut appelé à la tête de l'école communale par institution ministérielle de septembre 1833. M. Guizot ne pouvait rendre un meilleur service à la ville de Perpignan.

L'école ne tarda pas à se relever. Elle compta bientôt 300 élèves et se distingua par les plus brillants succès. Elle fut classée, après de nombreuses inspections, une des premières de France, sans en excepter même celles de Paris.

La nomination de M. ROUFFIA, avons-nous dit, était un acte de justice et de bon sens. Tout le désignait, en effet, pour ce poste aussi difficile qu'exceptionnel. Il s'était distingué à la tête de la classe fondée par le Conseil général de 1818 et à l'école libre qu'il ouvrit en 1826 ; en 1832 et 1833, avant la création de l'Ecole normale, le Conseil général, frappé de l'infériorité de l'enseignement primaire du département, surtout au point de vue pédagogique, l'avait chargé de faire à tous nos instituteurs communaux un cours de pédagogie et de méthodes ; enfin, il était le membre le plus compétent de la commission d'examen des postulants au brevet de capacité.

En 1839, les tracasseries de ceux qui soupiraient après le retour des Frères s'accentuèrent davantage et obligèrent M. ROUFFIA à donner sa démission.

Avait-il donc démérité cet homme qui, après avoir dignement servi son pays dans l'armée, avait porté si haut l'enseignement communal de Perpignan ? Qui jouissait auprès de ses concitoyens d'une considération justement méritée ? Qui avait conduit dans la voie du bien tant et de si nombreuses générations de sa ville natale ? Nul n'oserait l'affirmer. Mais sa présence à Perpignan était un obstacle à l'établissement des Frères, et, sans considérer les sérieux services que M. ROUFFIA avait rendus au pays, mettant de côté ses titres d'enfant de la cité et de père de famille, on se servit de moyens détournés et peu avouables pour rendre intenable la position du digne instituteur et le forcer à se retirer.

Tout aurait dû, au contraire, militer pour le conserver. Outre les encouragements pécuniaires votés par le Conseil général pour l'introduction du dessin linéaire dans l'enseignement communal et le Cours de pédagogie fait aux instituteurs du département, M. ROUFFIA avait obtenu plusieurs mentions honorables, quatre médailles, dont trois en argent, et sa classe était considérée comme une des premières de France. Nous ne parlons pas de ses nombreux écrits, qui prouvent la flexibilité de son esprit et l'étendue de ses connaissances.

Avant de suivre le savant pédagogue, voyons ce que devenait l'école qu'il avait élevée si haut.

Après le départ de M. Rouffia, la grande école laïque de Perpignan, dirigée avec tant de succès jusqu'en 1839, déclina rapidement. C'était à la vérité une charge trop lourde pour le successeur de l'éminent instituteur. Pas assez familiarisé avec la méthode mutuelle, qui permet d'instruire de grandes masses avec un seul instituteur, l'honorable M. Chauvenet devait succomber à la tâche. Dès la première année, les efforts qu'il fit pour maintenir le niveau auquel s'était élevé l'école communale le rendirent sérieusement malade. Appelé à le suppléer, nous dûmes constater avec le plus grand regret que la décadence avait déjà commencé. Lorsque M. Chauvenet, remis de ses fatigues, reprit la direction, cette décadence devint de plus en plus sensible, et la brillante école modèle d'enseignement mutuel se transforma peu à peu en une véritable garderie d'enfants.

Il ne pouvait en être autrement. Pour remplacer l'habile instituteur que l'on avait abreuvé d'amertumes, un sujet d'élite était nécessaire. M. Joseph Rouffia, élève et neveu de Côme Rouffia, aurait pu seul continuer les solides traditions de son oncle : on se garda bien de l'appeler. Que voulait-on, en effet? désaffectionner insensiblement les pères de famille de l'école où ils avaient appris eux-mêmes, comme élèves, à suivre la ligne du bien,

leur faire désirer une meilleure direction et
diminuer leur éloignement pour les établissements congréganistes. On ne se contenta pas
seulement, pour atteindre un pareil résultat, de
nommer à l'école un homme plein de bonne
volonté, sans doute, mais dont l'activité ne pouvait seconder le dévouement; on alla plus loin,
et les allocations pour le mobilier scolaire furent
presque complétement supprimées. On laissa à
M. Chauvenet le même matériel, mais on se garda
de le renouveler; et, malgré les réclamations
incessantes du directeur, les belles collections
de tableaux, de cartes, de modèles disparurent.
Dans une visite que nous fîmes à l'école où s'était
écoulée notre enfance, nous vîmes avec douleur
qu'elle n'avait pas même une méthode de lecture.
Pauvres enfants! Pauvre école du pauvre!

Comment lutter sans appui, sans moyen
d'existence, dirigée par un valétudinaire, contre
une légion n'ayant qu'un objectif, la chute de
l'enseignement laïque? Il n'était pas difficile de
réussir. M. Chauvenet, miné par le chagrin de
voir tomber sa classe, brisé par la fatigue,
mourut, et l'école communale laïque fut fermée.

La population fut-elle consultée pour lui
demander si elle désirait encore une école
laïque? Se préoccupa-t-on des aspirations des
parents à qui répugnait le système congréga-
niste? Les droits sacrés de la conscience et de la
famille furent-ils invoqués pour conserver un

établissement selon les vues libérales et pro-
gressives du très-grand nombre ? Se demanda-t-
on s'il ne valait pas mieux confier l'éducation
des enfants de Perpignan à des pères de famille,
rompus à l'enseignement, guidant depuis des
années les enfants dans la voie de l'honnêteté et
de la vertu ; à des hommes que tout le monde
conaissait, dont on pouvait rechercher les anté-
cédents qui sont des garanties pour l'avenir ?
Nous ne le pensons pas.

L'arrivée des Frères à Perpignan, seuls en
possession de vastes et belles écoles largement
dotées, eut l'effet qu'elle devait avoir : après
l'école communale, les classes laïques libres disparurent, à l'exception d'une ou deux, grâces à la
position exceptionnelle de leurs directeurs.

Et maintenant que nous avons vu les Frères
installés à Perpignan et les moyens employés
pour arriver à fermer l'école communale laïque,
revenons à notre vénéré maître.

M. ROUFFIA se rendit à Paris où il dirigea un
établissement libre depuis le 1er mai 1841 jusqu'en
avril 1852. Il obtint là aussi d'incontestables succès. Il était déjà proposé pour le grade honorifique
d'officier d'Académie, lorsqu'il fut obligé, afin de
raffermir sa santé ébranlée par d'incessantes fatigues, de venir se retremper à la chaleur bienfaisante du ciel de son cher Roussillon.

Pendant son séjour à la capitale, le caractère et
le mérite du savant pédagogue lui avaient attiré les

plus honorables sympathies et les plus flatteuses
distinctions.

A Paris, il était élu par ses collègues vice-pré-
sident des instituteurs de la Seine ;

La Société Lorraine de l'Union des arts, de
Nancy, le nommait, en 1851, membre correspondant, et la Société académique des auteurs du
Dictionnaire encyclopédique d'instruction, d'éducation et d'enseignement s'empressait de l'appeler
dans son sein ;

La Société agricole, scientifique et littéraire des
Pyrénées-Orientales, dont il était membre correspondant, le chargeait conjointement avec l'illustre Arago et M. Pagès, maître des requêtes, de
la représenter au Congrès agricole tenu à Paris
sous la présidence de M. le duc Decazes, en 1846-
47, 48 ;

Enfin, il fut nommé délégué des instituteurs
des Pyrénées-Orientales au grand Congrès des
instituteurs de France, qui se réunit à Paris en
1848.

En revoyant le Roussillon, en saluant les lieux
où il avait laissé tant de regrets et tant d'affections, M. ROUFFIA se sentit renaître. Aussitôt que
ses forces revinrent, il fut sollicité de retourner à
Paris ; il ne put s'y résoudre.

Il nous disait, dans un élan de cœur, en nous
faisant lire les lettres qui le rappelaient à la capitale : « Je leur suis reconnaissant de leurs ins-

tances et leur pardonne de m'appeler presque
ingrat, à ces amis de vingt ans ; mais s'ils con-
naissaient notre ciel si pur le jour et si scintillant
la nuit, s'il leur était donné de saluer nos gran-
dioses et fertiles montagnes, s'ils pouvaient se
baigner dans les flots de notre mer d'azur, s'ils
goûtaient à nos fruits suaves, s'ils sentaient les
parfums délicats de nos fleurs, si surtout leurs
lèvres plongeaient dans nos nectars, aussi doux
que réparateurs, ils comprendraient alors mon
inflexible résolution et me conseilleraient de
rester. »

Il appela auprès de lui sa famille et il ouvrit à
la campagne, à Baho, un pensionnat libre qu'il
transporta successivement à Millas et à Estagel.

En même temps qu'il dirigeait son pensionnat,
M. ROUFFIA rédigeait un magnifique et savant
mémoire sur l'agriculture des Pyrénées-Orientales.

Ce consciencieux travail valut à son auteur une
médaille d'argent, grand module, de la Société
impériale et centrale d'agriculture de France.

En 1867, il se retira à Banyuls-sur-Mer où
M. Thousery, son beau-fils, venait d'être nommé
instituteur public. Il avait alors 77 ans ; mais son
activité n'était pas complétement éteinte, et il
consacra à l'école de son beau-fils, à ces enfants
qui lui rappelaient ceux qu'il avait tant aimés à
Perpignan, les dernières années de loisirs qui ne
furent pas inutiles.

2

Il partageait son temps entre l'école communale de Banyuls-sur-Mer, où il s'était constitué volontairement l'adjoint de son beau-fils, la classe d'adultes que M. Thouseny avait ouverte, et des compositions tantôt enfantines, pour les écoles, tantôt sérieuses, pour les adultes. C'est alors qu'il termina son cours d'agriculture où il a mis le résumé de ses observations agricoles, qu'il applique avec l'autorité que lui donne sa connaissance parfaite des besoins du département.

Outre les travaux dont nous avons parlé, M. Rouffia nous a laissé :

L'Ampélographie ou traité des cépages des vignobles des Pyrénées-Orientales, publié dans le Bulletin de la Société agricole, scientifique et littéraire ;

Une Grammaire française-catalane, précédée d'une introduction sur l'origine de la langue catalane, avec un nombreux recueil de mots ;

Une traduction des guerres intestines de la ville de Grenade ;

Des leçons de Botanique ;

Un recueil de poésies diverses ;

Un guide pour la réduction des anciens poids et mesures des diverses localités du département, et leur concordance avec le système métrique etc.

Tel est l'homme que des tracasseries de tous les instants obligèrent à se démettre des délicates fonctions qu'il remplissait dans sa ville natale avec autant de dévouement que de distinction.

Après avoir résumé les travaux de notre cher maître, après avoir parlé de ses succès aussi brillants que soutenus, qu'on nous permette encore un mot.

Ce qui distinguait M. Rouffia, c'est qu'il était le modèle de l'instituteur. Ses anciens et nombreux élèves se rappellent toujours les soins qu'il leur a prodigués ; ils n'ont pas oublié surtout les instructions morales du samedi soir que nous attendions avec la plus vive impatience. Sa voix sympathique nous allait au cœur, et si le très-grand nombre de ceux qui ont fréquenté sa classe ont constamment conservé l'énergie des convictions sérieuses et la dignité que donne une forte éducation, ils le doivent sans doute en grande partie à ses instructions hebdomadaires.

Il comprenait, ce vrai pédagogue, que l'instituteur vraiment digne de ce nom regarde sa classe comme sa famille, s'y consacre tout entier, se préoccupe avant tout de l'avenir des enfants qui lui sont confiés, et cherche, en fortifiant leur intelligence, à développer en eux ce qui élève l'âme et grandit le cœur.

Convaincu que son rôle ne devait pas rester enfermé dans l'enceinte de sa classe, M. Rouffia s'enquérait souvent des qualités et des défauts de ses élèves, auprès des pères de famille qu'il guidait de ses judicieux conseils et de sa longue expérience. Ainsi l'action du foyer venait en aide à l'action de l'école, et parents et instituteur, se prêtant un mutuel appui, travaillaient plus fructueusement à faire de bons fils et d'excellents élèves des jeunes écoliers de la classe communale, et les préparaient à devenir des citoyens utiles, des patriotes ardents, en un mot des hommes.

Une sollicitude si éclairée et si paternelle ne pouvait qu'inspirer à ses nombreux élèves la plus sincère affection pour leur maître. La plupart de ceux que les circonstances ont fixés hors du département se sont fait un devoir, en venant passer quelque temps en Roussillon, d'aller presser la main de leur ancien instituteur. C'est ainsi que nous avons plusieurs fois accompagné à Banyuls M. Sagui (1), aujourd'hui sous-intendant militaire, qui a toujours conservé pour son premier maître cette mémoire du cœur, aussi honorable pour celui qui l'éprouve que pour celui qui l'inspire.

Quelles douces larmes répandait alors le noble vieillard, et, pour nous, quelle joie d'embrasser celui qui nous avait appris à vivre.

Ce modèle des instituteurs, cet homme de bien, ce véritable apôtre, dont toute la vie a été consacrée aux enfants, serait mort dans le délaissement, que nous appellerons volontiers adminis-

---

(1) M. Sagui a contribué par une large souscription à la publication du Cours d'agriculture.

tratif, si le Conseil général n'avait reconnu par son initiative aussi sage qu'éclairée, qu'il devait répondre à tant de fructueuse activité et de travaux utiles.

Les dernières années de la vie de M. ROUFFIA se sont passées au milieu des siens dont les soins pieux ont adouci l'amertume de la séparation suprême.

Avant de quitter ce monde, il a voulu nous dire adieu ; sa main défaillante nous a appelé à son chevet, et, après nous être encore entretenus de sa brillante école d'autrefois et de ses chers enfants, comme il aimait à appeler ses élèves, il nous recommanda son dernier travail. M. ROUFFIA est mort à l'âge de quatre-vingt-quatre ans, calme comme le sage, tranquille sur l'avenir : sa conscience ne l'entretenait que du bien qu'il avait fait. Il était d'ailleurs convaincu de retrouver au-delà de la tombe les affections qu'il avait tant regrettées, et d'attendre au sein de Celui qui récompense tous les dévouements ceux qui allaient pleurer son absence.

Nous résumions à son lit de mort ses nombreux et chers élèves, et nous avons reçu, pour le leur transmettre, l'adieu suprême du vénérable vieillard, de celui qui fut notre père de cœur, qui ne nous donna pas la vie, mais qui nous apprit à la consacrer à l'honnêteté et au bien.

MOBER.

NOTIONS DE BOTANIQUE.

PREMIÈRE LEÇON.

Pour que l'agriculteur puisse tirer de ses champs le plus grand parti possible, il lui importe d'avoir des notions d'histoire naturelle, notamment de la partie qui traite de la botanique. Cette science lui apprendra à connaître les plantes qui enrichissent, améliorent ou appauvrissent le sol ; celles qui sont utiles et qu'il faut conserver et propager ; celles qui sont mauvaises et nuisibles, dans les prairies surtout, et qu'il faut détruire,

DES VÉGÉTAUX.

On appelle végétaux ou plantes tout ce qui vient d'une graine qui se développe et vit sans avoir la faculté de se mouvoir volontairement, et qui perpétue son espèce au moyen de ses graines, ou par quelques moyens équivalents, comme les caïeux, les boutures, etc.

L'étude du règne végétal se nomme botanique. Cette science comme toutes les autres, ses principes, son langage particulier. Les connaissances acquises d'après ces principes forment le botaniste, c'est-à-dire celui qui connaît les plantes par principes avec les secours de leurs caractères et avec une méthode suivie.

DE LA SEMENCE.

La graine est, si l'on peut s'exprimer ainsi, l'œuf végétal : c'est de cet œuf que sort la plante pour s'accroître par les différents degrés qui vont suivre.

EMBRYON DE LA PLANTE.

Toute semence fécondée renferme l'embryon d'une plante semblable à celle qui l'a produite elle-même. Elle a, comme toutes les autres parties qui composent les plantes, une forme extérieure qui la distingue, et une organisation interne qui lui est propre. Sa forme extérieure fournit rarement quelques caractères ; mais il n'en est pas de même de son organisation interne, qui fait aujourd'hui la base de la botanique.

DE LA GERMINATION.

En examinant un peu attentivement ce que devient une graine après qu'elle a été semée, on la voit en peu de temps se gonfler, augmenter considérablement de volume ; sa tunique propre se déchire, ses lobes ou cotylédons sortent de leur berceau, s'écartent, livrent passage à la plantule, et la semence est alors dans l'état de germination.

On entend par *lobes* ou *cotylédons* la partie latérale des semences qui sortent de terre et s'ouvrent au moment de la germination, comme dans le haricot. Quelques plantes n'en ont pas et sont nommées *acotylédones* (les champignons) ; d'autres n'en ont qu'un et sont appelées *monocotylédones* ou *unilobées* (les graminées) ; enfin le plus grand nombre en a deux et porte le nom de *dicotylédones* ou *bilobées* (le haricot). Ces trois grandes divisions forment la méthode naturelle de Jussieu.

Les agents extérieurs de la germination sont l'eau, la chaleur et l'air. Si l'on place une graine dans des circonstances favorables, l'humidité pénètre dans l'intérieur par l'*ombilic*, gonfle la plantule, délaie le périsperme et rend plus facile la rupture des enveloppes de l'embryon en les amollissant. Outre cela, elle fournit des éléments à la nutrition.

La chaleur agit sur la jeune plante comme sur les animaux, c'est-à-dire en qualité de stimulant. Il en faut plus ou moins, selon l'espèce de la plante ; mais jamais moins de 5 degrés et jamais plus de 40. Le terme moyen le plus favorable à la germition a paru être de 15 à 20 degrés.

L'air est aussi nécessaire à ce premier développement des végétaux, qu'il est nécessaire à leur existence et à l'entretien de la vie des animaux.

QUESTIONNAIRE.

Quelles connaissances doit acquérir l'agriculteur pour qu'il puisse tirer le plus grand parti de ses champs ? — Que lui apprendra la botanique ? — Qu'entend-on par végétaux ? — Comment s'appelle l'étude du règne végétal ? — Qu'entend-on par semence ? — Que renferme une graine ou semence fécondée ? — En examinant un peu attentivement une graine après qu'elle a été semée que remarque-t-on ? — Qu'entend-on par lobes ou cotylédons ? — Toutes les plantes ont-elles des cotylédons ? — Comment sont appelées les autres plantes ? — Quels sont les agents extérieurs de la germination ? — Qu'arrive-t-il à une graine placée dans des circonstances favorables ? — De quelle manière agit la chaleur sur la jeune plante ? — L'air est-il nécessaire au développement des végétaux ?

DEUXIÈME LEÇON.

RADICULES, RACINES.

Le premier degré de germination s'annonce ordinairement par l'apparition d'une espèce de petit bec que l'on appelle la radicule. Ce petit bec se tourne vers la terre, produit de droite et de gauche, des fibrilles latérales destinées à former le chevelu ou les ramifications de la racine, dont la radicule est toujours le pivot quel que soit le degré d'accroissement que prenne la plante, et ce point est la racine principale qui s'introduit dans le sol. En s'enfonçant dans la terre, elle sert en même temps de soutien à la plante. Son extrémité est douée d'une force de succion plus considérable que les autres parties. On croit qu'il existe à l'extrémité des racines une bouche à laquelle on a donné le nom de *spongiole*.

Il existe des végétaux qui croissent sur d'autres plantes et dont les racines, très peu apparentes d'ailleurs, ne s'enfoncent pas par conséquent dans la terre. Ces végétaux sont appelés *parasites*.

La partie supérieure de la racine où la tige prend naissance porte le nom de *tige* ou *nœud vital*.

Il y a quatre espèces de racines principales dont toutes les autres paraissent dériver, savoir : les *bulbeuses*, comme l'ognon ; les *tubéreuses*, telles que la pomme de terre, la patate ; les *fibreuses*, telles que celles du blé ; les *pivotantes*, comme le navet, la betterave.

Une racine est *annuelle* quand elle se développe et meurt dans le cours d'une année ; elle est *bisannuelle* quand elle vit deux ans ; *vivace*, lorsqu'elle vit plus de deux ans ; *ligneuse*, si elle appartient aux arbres et aux arbustes. L'existence de cette dernière est ordinairement d'une longue durée.

PLUMULE, HERBE, ARBUSTE, ARBRE, ARBRISSEAU, TRONC, RAMEAUX.

La plumule étant formée, ainsi que la plantule, il en résulte, suivant l'espèce de graine qui l'a produite, une plante herbacée, un arbuste, un arbrisseau ou un arbre.

La plante herbacée prendra la direction qui lui est propre, un port, c'est-à-dire une manière d'être à son espèce, ne portera pas de boutons aux aisselles de ses feuilles ; elle périra tous les ans ou ne durera que deux ou trois ans au plus.

Dans l'arbuste, la plumule deviendra une tige dont la consistance sera ligneuse ; elle n'aura pas plus de boutons aux aisselles que la tige de l'herbe ; mais elle sera de plus longue durée, supportera les hivers et donnera, à quelques exceptions près, tous les ans, des fleurs et des fruits.

La tige de l'arbrisseau se divisera à sa base ou à partir de son collet en plusieurs rameaux à peu près égaux. Ces rameaux seront d'une consistance ligneuse, s'élèveront beaucoup moins que les arbres, mais comme eux porteront des boutons qui formeront de nouvelles branches, ce qui ne peut pas être dans les plantes herbacées.

Lorsque la jeune plante est destinée à devenir un arbre on la voit s'élever tout d'un seul jet jusqu'à une certaine hauteur.

Nous ajouterons que la tige est cette partie de la plante qui surgit de la racine pour chercher l'air et la lumière. On distingue cinq espèces de tiges :

1° La tige proprement dite, qui, s'élevant au-dessus de terre, en sens contraire de la racine, produit et porte toutes les autres parties du végétal. Le nom de tige ne se donne qu'à celles qui ne peuvent se rapporter aux autres. La tige du lis, de la hyacinthe se nomme *hampe*. Toute plante qui manque de tige se nomme *acaule* ;

2° Le tronc qui est la tige des arbres : elle est ligneuse, insensiblement amincie au sommet et ramifiée ; elle offre la plus grande épaisseur à sa base ;

3° Le stipe, qui est une sorte de tige qu'on observe particulièrement dans les palmiers ;

4° Le chaume, qui est la tige des graminées ; elle est articulée et noueuse portant des feuilles engaînantes, telles que celles du blé, du seigle, de l'orge, du maïs, etc. ;

5° La souche, qui est la tige souterraine des plantes vivaces, cachées entièrement ou en partie sous la terre, poussant de leur extrémité antérieure de nouvelles tiges, à mesure que leur extrémité postérieure se détruit.

ÉPIDERME, ÉCORCE, LIBER, AUBIER, BOIS.

En examinant l'organisation interne du tronc et de ses divisions, on trouve, sous une peau mince nommée *épiderme*, l'écorce proprement dite ; dessous l'écorce se présente le *liber* ou *livret*. On verra que les lames déliées, coniques à leur extrémité supérieure et peu adhérentes entre elles, dont le liber est composé, s'unissent tous les ans aux dernières couches concentriques de l'aubier, lequel n'est qu'un bois imparfait qui, avec le temps, acquerra une dureté d'autant plus grande que ses couches concentriques seront plus rapprochées, et lequel deviendra enfin d'une nature parfaitement ligneuse. C'est aux couches concentriques qu'on reconnaît le nombre d'années de l'arbre lorsqu'il a été abattu.

MOELLE, VAISSEAUX, TRACHÉES, LIQUEURS, MOUVEMENT
DE LA SÈVE.

Au centre du bois se trouve un petit canal rempli d'une substance médullaire qu'on appelle *moëlle*. En observant au microscope les différentes parties qui composent les couches concentriques du bois, on apercevra qu'elles sont formées de *fibres* diversement arrangées, d'une multitude de *vaisseaux* de toute espèce, tant excrétoires que sécrétoires (1) destinés au passage de l'air, de la sève, ces deux fluides qui charrient tous les autres et qui les déposent dans toutes les parties du végétal pour son entretien et son accroissement.

QUESTIONNAIRE.

Comment s'annonce le premier degré de germination? — Que produit le petit bec appelé radicule? — Existe-t-il des végétaux qui croissent sur d'autres plantes? — Comment les appelle-t-on? — Qu'entend-on par collet? — Combien de racines principales y a-t-il? — Qu'entend-on par durée et substance des racines? — Lorsque la plumule et la plantule sont formées, qu'en résulte-t-il? — Quelle direction prendra la plante herbacée? — Quelle est la durée de son existence? — Que deviendra la plumule dans l'arbuste? — Quelle sera sa durée; que produira-t-elle? — Comment se forme la tige de l'arbrisseau? — Lorsque la jeune plante est destinée à devenir un arbre que se passe-t-il? — Qu'est-ce que la tige? — Combien distingue-t-on de tiges? — De quelle nature sont-elles? — Qu'est-ce que le tronc? — Qu'est-ce que le chaume? — Qu'est-ce que la souche? — Qu'est-ce que l'on trouve en examinant l'organisation interne du tronc et de ses divisions? — Qu'est-ce qu'il y a au centre du bois? — Qu'apercevra-t-on en examinant au microscope les différentes parties qui composent les couches concentriques du bois?

---

(1) *Excrétoire* signifie qui sert à filtrer et à pousser les liqueurs ou sucs en dehors, et *sécrétoire*, qui sert à filtrer et à séparer les liqueurs ou sucs en humeurs.

TROISIÈME LEÇON.

BOURGEON.

Au renouvellement du printemps on voit le bourgeon se gonfler, les écailles qui le couvrent s'écartent, laissent un passage libre aux parties qu'elles renferment. C'est cette nouvelle pousse qu'on appelle *bourgeon*. Tout ce qui a rapport au bourgeonnement est connu sous le nom de *germination*.

FEUILLES, FOLIATION.

A peine le bourgeon est-il développé que l'on remarque déjà sur toute sa superficie des feuilles placées d'espace en espace, et portées chacune par une queue que l'on nomme *pétiole*. Entre chaque pétiole et le rameau on pourrait déjà voir un bouton semblable à celui dont cette tige vient de sortir ; ce bouton remplira les mêmes fonctions l'année suivante.

On nomme *foliation* l'instant où commencent à paraître les feuilles qui prennent la forme et la direction qui leur sont propres. On entend par *exfoliation* la chute des feuilles.

La feuille est ordinairement formée de deux parties : le *limbe*, partie presque toujours plate, comme laminée, entière, et le *pétiole*, ou petit pied qui lui sert de support et la tient attachée au rameau.

C'est de l'épanouissement du pétiole que sont formées les nervures qui sont la surface des feuilles, et ces ramifications d'une finesse extrême, dont une substance pulpeuse que l'on nomme *parenchyme*, remplit les intervalles. On remarque dans la feuille l'extrémité opposée au pétiole que l'on nomme *sommet*, et les parties latérales de la feuille se nomment *côtés*. Une feuille est ordinairement aplatie, et sa surface supérieure se distingue de sa surface inférieure.

Les deux petites feuilles qu'on trouve quelquefois à côté du pétiole se nomment *stipules* ; leur forme est tout-à-fait différente de celle des autres feuilles de la plante. Ces mêmes feuilles, si on les rencontre sur un pédoncule ou à la base d'une fleur, s'appellent *bractées*. On trouve encore quelquefois sur les côtés du pistil ou à son extrémité une production filamenteuse et diversement contournée qu'on nomme *vrille*, comme dans la vigne ; quelquefois aussi on y rencontre des poils, des glandes, des rugosités, comme dans l'ortie, la bourrache.

Les feuilles sont si nécessaires au végétal que lorsqu'il en est privé, il devient languissant et souvent même il périt. En les observant au microscope, on voit leur surface, ou plutôt leur épiderme percé d'une infinité de trous d'une extrême finesse, destinés les uns à pomper l'air et l'eau qui doivent entretenir la fluidité de la sève, et les autres à la transpiration sensible et insensible de la plante. Elles rendent beaucoup de gaz oxygène pendant le jour, et en respirent pendant la nuit.

On nomme *feuilles pétiolées* celles dont le limbe est en quelque sorte traversé par la tige, telle est la feuille du *buplevrum rotundo folium*, et *feuilles conjointes* celles qui étant opposées se réunissent ensemble par leur base de manière que la tige passe au milieu de leurs limbes soudés, telles sont les feuilles du chèvrefeuille.

Les *feuilles simples* sont celles dont le pétiole n'offre aucune division sensible et dont le limbe est formé d'une seule et même pièce, comme le lilas, le tilleul, etc.

Les *feuilles composées* sont celles qui résultent de l'assemblage d'un nombre plus ou moins considérable de petites feuilles, fixées au sommet d'un pétiole commun, comme l'aigremoine.

QUESTIONNAIRE.

Au renouvellement du printemps que remarque-t-on dans le bourgeon ? — Comment appelle-t-on ce qui a rapport au bourgeonnement ? — Qu'est-ce qu'on remarque lorsque le bourgeon commence à se développer ? — Qu'est-ce qu'on nomme foliation ? — Qu'entend-on par exfoliation ? — De combien de parties est formée la feuille ? — De quoi sont formées les nervures ? — Qu'est-ce qu'on remarque dans la feuille ? — Qu'est-ce que c'est que les stipules ? — Dans quel cas les appelle-t-on bractées ? — Que trouve-t-on quelquefois sur les côtés du pistil ou à son extrémité ? — A quoi sont nécessaires les feuilles au végétal ? — Que remarque-t-on en les observant au microscope ? — Que rendent-elles ? — Qu'entend-on par feuille pétiolée et feuille conjointe ?— Qu'appelle-t-on feuilles simples ? — Qu'appelle-t-on feuilles composées ?

QUATRIÈME LEÇON

FLEURS.

La fleur est cette partie du végétal consistant dans les organes de la fécondation, avec ou sans enveloppe et rarement dans l'enveloppe seulement.

Les organes qui concourent à la formation de la fleur sont : 1.° le calice, 2° la corolle, 3° les étamines, 4° les pistils. Une fleur est *complète*, si, comme la rose, elle a ces quatres parties bien distinctes ; elle est *incomplète* si elle est privée d'une seule de ces parties, comme le lis, le melon.

Selon l'acception la plus commune, le *calice* est cette enveloppe extérieure et ordinairement verte que l'on regarde comme une production de l'écorce de la plante ; elle est destinée à soutenir la plupart des fleurs. On en distingue de plusieurs espèces, savoir : le *monophylle*, qui est d'une seule pièce ; le *polyphylle*, qui est composé de plusieurs folioles ; l'*imbriqué*, qui est composé de parties appliquées les unes sur les autres ; le *trifide*, qui est divisé en trois parties.

On appelle *bourse* le calice des champignons ; *balle*, celui des graminées ; *coiffe*, celui des mousses.

Les *bractées* sont un certain nombre de petites feuilles, le plus souvent d'une autre forme et colorées, qui accompagnent les fleurs, et souvent s'entremêlent avec elles, comme dans la sauge.

La *spathe* est un involucre (enveloppe) membraneux, renfermant une ou plusieurs fleurs qu'il recouvre entièrement avant leur épanouissement, et qui ne se montrent à l'extérieur qu'après son déchirement et dans d'autres survit à la fleur. La spathe est quelquefois colorée et de la nature du pétale.

La *corolle* est l'enveloppe de la fleur, ordinairement colorée, souvent odorante, d'une texture délicate, et qui environne immédiatement les organes sexuels, c'est-à-dire les étamines et le pistil. Si elle est d'une seule pièce, on l'appelle *monopétale ;* de plusieurs pièces ou feuilles, *polypétale.* La corolle monopétale est *campanulée*, lorsqu'elle représente la forme d'une cloche, *infundibuliforme*, lorsqu'elle ressemble à un entonnoir, *hypocratériforme*, lorsque son tube est long et étroit et que le limbe est étalé à plat comme une soucoupe et forme deux lèvres, l'une supérieure et l'autre inférieure.

La corolle polypétale est *rosacée*, lorsqu'elle est composée de cinq pétales dont l'onglet est très-court, et qui sont disposés en rosace ; *crucifère*, lorsqu'elle est formée de quatre pétales disposés en croix ; *caryophilée*, lorsqu'elle est formée de cinq pétales dont les onglets sont allongés et cachés par le calice qui est très-long et dressé ; *anormale*, lorsqu'elle ne présente qu'une figure irrégulière et indéterminée ; *bi-pétale*, lorsqu'elle a deux pétales ; *tri-pétale*, lorsqu'elle en a trois, etc.

Il y a des botanistes qui donnent le nom de *nectaire* à la corolle ou au calice. Le nectaire, qui vient du mot *nectar*, est cette partie des corolles qui contient quelque liqueur sucrée ou mielleuse recherchée par les abeilles. Toutes les fleurs n'ont pas de nectaire proprement dit.

Le *pétale* est la partie de la fleur que vulgairement on nomme la feuille, et qui le plus souvent est ornée des plus vives couleurs. Les pétales, pour le vulgaire, constituent la fleur ; pour les botanistes, ils ne sont que les rideaux du lit nuptial. La base ou extrémité inférieure du pétale s'appelle *onglet ;* il est presque toujours d'une autre couleur, comme dans la rose. Le sommet ou la partie supérieure forme la *lame*, dont le bord est appelé *limbe.* La réunion des pétales forme la corolle dont nous venons de parler.

Les *étamines* sont les organes mâles de la fleur ; elles sont insérées sur le pistil ou sur la corolle, ou sur le calice. Elles sont ordinairement composées de trois parties, savoir : 1° *l'anthère*, espèce de petit sac membraneux, dont la cavité inférieure est double, c'est-à-dire formée de deux loges soudées ensemble qui renferment le *pollen* ou matière fécondante avant l'acte de la fécondation ; 2° le *pollen*, substance ordinairement formée de petits grains qui contiennent les parties nécessaires à la fécondation ; 3° le *filet*, qui porte souvent l'anthère.

Les *pistils* sont les organes sexuels femelles. Ils occupent presque constamment le centre de la fleur, et se composent le plus ordinairement de trois parties, savoir : l'*ovaire*, le *style*, le *stigmate*. L'ovaire occupe toujours la partie inférieure du pistil ; il renferme les ovules qui acquièrent le développement et se changent en graines. Le style est le prolongement grêle, filiforme du sommet de l'ovaire qui supporte le stigmate. Le stigmate est cette partie du pistil ordinairement glandulaire, humide, placée au sommet de l'ovaire ou du style, et qui est destinée à recevoir l'impression de la substance fécondante.

Il y a dans une fleur autant de pistils que d'ovaires distincts. Souvent le stigmate est sessile sur l'ovaire, et dans ce cas il n'y a pas de style (*sessile* veut dire sans queue).

Les fleurs qui réunissent les deux sexes sont appelées *fleurs hermaphrodites*. Les *fleurs mâles* sont celles dans lesquelles on ne trouve que des étamines sans pistils. Les *fleurs femelles* sont pourvues d'un pistil, mais sans étamines. On donne le nom de *plantes monoïques* à celles dont les fleurs ne contiennent qu'un seul sexe ; c'est-à-dire qui ont des fleurs séparées sur le même individu, et l'on appelle plantes *dioïques* celles dont toutes les fleurs sont également unisexées, mais séparées sur des individus différents ; ce sont alors des plantes *polygames*.

QUESTIONNAIRE.

Qu'est-ce que la fleur ? — Quels sont les organes qui concourent à la formation de la fleur ? — Quand est-ce qu'elle est complète ? — Incomplète ? — Qu'est-ce que le calice de la fleur ? — Distingue-t-on plusieurs espèces de calices ? — Qu'appelle-t-on bourse ? — A quoi donne-t-on le nom de bractées ? — Qu'est-ce que la spathe ? — Qu'est-ce que la corolle ? — Quelles sont les diverses espèces ou qualifications de la corolle ? — Qu'entend-on par nectaire ? — Qu'est-ce que le pétale ? — Qu'appelle-t-on

3

onglet? — Qu'est-ce qui forme la lame ? — Qu'est-ce que les éta-mines ? — De quoi sont-elles ordinairement composées? — Qu'en-tend-on par pistils ? — Quelle place occupent-ils dans la fleur? — De combien de parties se composent-ils ? — Quelle est la place de l'ovaire ? — Qu'est-ce que le style? — Qu'est-ce que le stig-mate ? — Qu'y a-t-il encore dans une fleur? — Qu'entend-on par fleurs hermaphrodites ? — Quelles sont les fleurs mâles ? — De quoi sont pourvues les fleurs femelles ? — A quelles plantes donne-t-on le nom de monoïques? — De dioïques ?

CINQUIÈME LEÇON.

FRUIT.

Le fruit n'est autre chose qu'un ovaire ou la réunion de plusieurs ovaires parvenus à la maturité, ou si l'on veut, le dernier résultat de la fécondation.

Le fruit est composé de deux parties principales : 1° la graine ou la semence destinée à produire un nouvel individu de la même espèce, et qui se nomme *ovule* avant la fécondation. (Une graine est composée de l'amande et de ses tuniques ou *téguments propres*) ; 2° le *péricarpe* ou l'enveloppe qui renferme une ou plusieurs graines, ou plutôt tout ce qui, dans le fruit, n'est pas la graine.

Il y a des fruits simples, charnus, multiples et composés.

Les fruits simples se subdivisent en fruits secs et en fruits charnus. Les fruits secs, tels que les haricots, les pois, etc., ne renferment ordinairement qu'un très petit nombre de graines.

Les fruits charnus, tels que les pêches, les abricots, les tomates ont le péricarpe épais et pulpeux. Ils ne renferment qu'une graine ou des graines en nombre variable.

Les fruits multiples sont ceux qui résultent de la réunion de plusieurs pistils renfermés dans une même fleur. Le melon est un fruit charnu multiple provenant de plusieurs ovaires réunis, et dont l'épaississement considérable du calice se confond avec

eux. Les fruits du fraisier, du framboisier, du mûrier, de la
ronce, etc., sont formés d'un nombre plus ou moins considérable
de véritables petites drupes.

On appelle fruits composés ceux qui sont formés d'un nombre
plus ou moins considérable de petits fruits rapprochés, et
souvent réunis et soudés ensemble, tels que les fruits des pins,
des sapins qui portent le nom de fruits coniques, etc.

La figue, la grenade appartiennent aussi à la famille des fruits
composés.

QUESTIONNAIRE.

Qu'est-ce que le fruit? — De combien de parties est composé
le fruit? — Faites-les connaître? — Combien d'espèces de fruits
y a-t-il? — Comment se subdivisent les fruits? — Les fruits
secs renferment-ils beaucoup de graines? — Quels sont les fruits
charnus? — Comment est formé le péricarpe? — Qu'entend-on
par fruits multiples? — Qu'est-ce que le melon? — Comment
sont formés les fruits du fraisier, du framboisier? — Qu'appelle-
t-on fruits composés? — Quels sont ces fruits? — A quelle
famille appartiennent la figue, la grenade?

SIXIÈME LEÇON.

DE LA REPRODUCTION DES VÉGÉTAUX.

Ce qu'il y a de plus étonnant dans la végétation, c'est que les
dernières ramifications de la tige d'un arbre mises en terre, ou
insérées entre l'écorce et l'aubier d'un arbre vivant — c'est ce
qu'on appelle greffer — peuvent devenir autant de plantes
parfaites que celle à laquelle elles appartiennent.

L'art de multiplier par la greffe, par les écussons et par les
boutures est un prodige.

Dans chaque bouton placé d'espace en espace sur un rameau, il y a une plante pourvue de tous les organes qui composent la plante la plus parfaite. Ces boutons sont destinés à servir d'abri pendant l'hiver aux parties délicates qu'ils renferment. Ils ne contiennent pas tous des rameaux ; les uns ne doivent produire que des feuilles, d'autres que des fleurs ; mais il y en a qui produisent, la même année, des feuilles, des fleurs et du bois.

L'opération de la greffe repose sur trois points principaux : 1° l'appréciation des circonstances dans lesquelles la greffe doit être faite, c'est-à-dire le moment où les plantes abreuvées de sève ne demandent qu'à végéter ; 2° le choix du sujet qui doit être dans un état convenable de vigueur et de santé, et surtout apte à recevoir la greffe qu'on ne peut pratiquer que sur des espèces unies entre elles par d'étroites affinités. Ainsi les arbres dont les fruits donnent des noyaux ne pourront pas être greffés sur des arbres dont les fruits contiennent des pepins. Toutes les greffes de rosiers sur le houx, le lilas ; l'œillet sur le persil, sont autant de contes faits à plaisir ; 3° l'opération manuelle qui consiste dans la dextérité et l'habileté du greffeur.

Il existe un grand nombre d'espèces de greffes. Les principales et qui sont le plus usitées sont : 1° la greffe en fente ou par scions ; 2° la greffe par approche ; 3° la greffe en écusson ; 4° la greffe en flûte.

QUESTIONNAIRE.

Qu'y a-t-il d'étonnant dans la végétation ? — Qu'y a-t-il dans chaque bouton ? — A quoi sont destinés ces boutons ? — Contiennent-ils tous des rameaux ? — Que doivent-ils produire ? — Sur quoi repose l'opération de la greffe ? — Quels sont ces points principaux ? — Peut-on greffer des arbres à fruits à noyaux sur des arbres à fruits à pepins ? — Combien d'espèces de greffes existe-t-il ?

DE L'AGRICULTURE EN GÉNÉRAL.

L'agriculture est l'art de cultiver la terre et d'en tirer le plus grand profit. L'agriculture est perfectionnée lorsque le sol est maintenu dans un état d'amélioration croissante, par une culture raisonnée, dont le résultat est de n'avoir point de jachère. Dans certaines parties de la plaine du Roussillon, appelées *les Aspres*, il n'est guère possible de faire disparaître entièrement la jachère.

On entend par jachère l'état de repos absolu dans lequel on laisse la terre improductive pendant un an.

La jachère est complète, si pendant l'été de cette année de repos, on fait subir à la terre les labourages convenables pour l'ameublir et pour en détruire les mauvaises herbes ; dans ce cas seulement elle peut être mise en pratique.

Une demi-jachère, c'est lorsqu'après une récolte d'automne, le sol n'est ensemencé qu'au printemps suivant. La terre argileuse est la seule qui profite de la demi-jachère, parce qu'elle s'ameublit pendant la saison froide et par l'effet surtout de la gelée.

Nul ne peut être bon agriculteur s'il ne joint pas la théorie à la pratique. Celui qui cultive les champs sans ces deux conditions réunies agit d'après la routine.

On entend par *théorie* la science dont s'enrichit l'agriculteur qui se conduit d'après l'observation et le raisonnement des faits et des choses qui se passent sous ses yeux.

La *pratique* est la mise à exécution de ces principes.

La *routine* est le résultat de l'ignorance de la théorie.

Ceux qui emploient les procédés agricoles de leurs pères sans s'enquérir s'ils pourraient obtenir de meilleurs résultats suivent la routine, qui est et a toujours été l'ennemie du progrès. Cependant, comme dans les anciens procédés d'agriculture il y a des choses bonnes, il ne faut pas les abandonner pour courir après ce qui est nouveau ; il convient d'agir avec prudence et réflexion et de n'adopter tel ou tel système qu'après en avoir fait l'expérience.

QUESTIONNAIRE.

Qu'est-ce que l'agriculture ? — Quand est-ce qu'elle est perfectionnée ? — La jachère est-elle possible dans les terres aspres ? — Qu'entend-on par jachère ? — Quand est-ce qu'elle est complète ? — Qu'est-ce qu'une demi-jachère ? — Quelle est la terre qui profite le plus de la demi-jachère et pourquoi ? — Quel est le bon agriculteur ? — Qu'entend-on par théorie, par pratique, par routine ? — Quels sont ceux qui suivent la routine ? — Faut-il abandonner les anciens procédés d'agriculture ?

CHAPITRE PREMIER.

—

DU SOL ET DE SA FORMATION.

Le sol est ce qu'on appelle ordinairement la couche de terre que retourne la charrue et dans laquelle les plantes se développent et produisent ensuite leurs graines et leurs fruits.

Le sous-sol est cette partie de terre qui se trouve au-dessous du sol qu'on n'entame point en labourant, parce que bien souvent elle est rocailleuse, sableuse ou argileuse ; elle nuirait à la fécondité de la couche arable.

Le sol est formé de substances minérales provenant de la décomposition des roches qui sont à la surface de la terre, et de substances animales et végétales qui constituent ce qu'on appelle la terre végétale, l'humus ou terreau. Ces diverses substances, selon la manière dont elles sont naturellement ou artificiellement mélangées, produisent des terres de diverses classes ou qualités.

Les sols sont très variés, souvent même sur un très-petit rayon.

On connaît les différentes natures du sol à des indices certains ; ainsi, un terrain argileux s'imbibe facilement, devient pâteux avec la pluie, s'attache aux instruments de labourage, est plus ou moins facile à travailler ; pendant les froids ou les grandes chaleurs, il se durcit ou se crevasse.

Un terrain calcaire fait une vive effervescence avec les acides. C'est-à-dire que si l'on arrose une portion de cette terre avec du vinaigre ou tout autre acide, elle semble bouillir. Cette nature de terre est poreuse et ne retient l'humidité que jusqu'à un certain point.

Un terrain siliceux ou sablonneux ne conserve pas l'humidité et ne fait pas effervescence avec les acides.

QUESTIONNAIRE.

Qu'est-ce que le sol ? — Qu'est-ce que le sous-sol ? — Quelles sont les substances qui composent le sol ? — Les sols sont-ils variés ? — A quoi connaît-on les différentes natures du sol ? — Que produit un terrain calcaire traité par les acides ? — Un terrain siliceux conserve-t-il l'humidité ?

COMPOSITION DES TERRES ET LEURS QUALITÉS.

La silice ou sable siliceux, l'alumine et le carbonate de chaux qui est formé par la réunion de l'acide carbonique ou l'oxyde de calcium ou la chaux, dominent souvent parmi les matières minérales qui concourent à la formation du sol.

Le carbonate de magnésie, le sulfate de chaux ou plâtre, l'oxyde de fer et l'oxyde de manganèse sont des substances qui entrent aussi dans la composition du sol ; mais ils s'y trouvent en bien moindre quantité.

L'oxyde de fer et l'oxyde de manganèse sont les seules parties minérales qui colorent le sol.

Il convient d'étudier les propriétés des corps qui entrent dans la composition du sol, non pas précisément pour en apprécier la valeur, mais plutôt pour bien s'assurer des amendements que l'on doit employer pour l'améliorer.

Les terres arables, c'est-à-dire celles qui sont ou peuvent être travaillées à la charrue forment, comme nous l'avons déjà dit, plusieurs variétés qu'on distingue sous les noms de : 1° sols légers ou siliceux, 2° sols argileux ou alumineux, 3° sols calcaires, 4° sols argilo-calcaires, 5° sols marneux, 6° sols glaiseux, crayeux, composés de silice et d'alumine, 7° terres franches.

Les sols légers ou siliceux dans lesquels le sable domine, peuvent être travaillés presque en tout temps. Si le sous-sol est perméable (qui ne retient pas l'eau), on peut labourer le lendemain d'une pluie. Ils laissent facilement évaporer les engrais. Le cultivateur est par cela forcé de répéter les fumures plus souvent, lesquelles cependant doivent être plus légères. Presque toujours les engrais des bêtes à corne sont les plus propres aux sols légers. On rencontre assez fréquemment des terres légères à la surface et dont le sous-sol est imperméable, (qui ne retient pas l'eau) ; il repose sur une couche d'argile glaiseuse. Ce terrain est de la plus mauvaise nature.

Les sols argileux ou alumineux, appelés aussi *terre-forte* dans lesquels l'argile domine, ont plus de consistance que les sols légers, et donnent des produits plus abondants : ils supportent une quantité considérable d'engrais qu'ils ont la propriété de retenir assez longtemps. Ils sont plus substantiels que les sols légers et donnent des produits plus abondants. Les sols argileux ne peuvent pas être travaillés en tout temps et avec facilité. Il faut bien se donner de garde de les labourer lorsqu'ils sont trop imbibés d'eau.

Les sols calcaires dans lesquels la chaux domine sont infertiles lorsqu'ils renferment une masse trop considérable de carbonate de chaux ; les plantes s'y dessèchent facilement. Mais si le carbonate de chaux est en proportion convenable, il le rend plus propre à la culture. Sur ces terrains on peut cultiver avec avantage toute espèce de prairies artificielles, notamment l'esparcette.

Les sols argilo-calcaires, ou argileux, mêlés de calcaire,

conviennent très bien à la culture des céréales, ainsi qu'à celle de la luzerne, de l'esparcette et des diverses espèces de trèfles.

Les sols marneux. Ces sols, dans leur formation, contiennent de la marne. Si cette matière s'y trouve en trop grande quantité, ils sont improductifs.

Les sols glaiseux, crayeux, composés de silice et d'alumine (1); l'argile y domine de telle manière, qu'elle forme une pâte consistante : circonstance qui rend ces terrains très-difficiles à travailler et sont les moins productifs.

Les terres franches, dans lesquelles la chaux, l'argile et le sable qui sont les principes les plus ordinaires des terres, se trouvent mélangés dans de bonnes proportions ; elles sont plus convenables à la végétation. C'est la terre par excellence, et en général les meilleurs sols.

Il existe encore d'autres divisions que l'on a établies d'après la nature et la qualité des éléments qui constituent le sol. Ainsi, on donne le nom de terrains calcaires à ceux qui contiennent du carbonate de chaux, de terrains ferrugineux à ceux qui contiennent du fer ou de l'ocre, de terrains marneux à ceux qui contiennent de la marne, enfin on appelle terrains d'alluvion ceux qui ont été formés par des dépôts de terre amenés par les eaux. Ces derniers terrains sont les plus favorables à la culture.

QUESTIONNAIRE.

Quelles sont les substances minérales qui se trouvent le plus souvent dans la composition du sol ? — Quels sont les autres corps qui composent aussi le sol ? — Convient-il d'étudier les propriétés des corps qui entrent dans la composition du sol ? — Quelles sont les variétés de sols qu'on distingue dans les terres arables ? — Qu'est-ce que les sols argileux ? — Que doit faire le cultivateur à ces terres ? — Qu'est-ce qu'on rencontre fréquemment dans des terres légères à la surface ? — Qu'est-ce qu'on remarque dans les sols argileux ou alumineux ? — Peuvent-ils être travaillés en tout temps ? — Qu'est-ce que les sols calcaires ? — A quoi conviennent les sols argileux-calcaires ? — Qu'est-ce que les sols marneux ? — Qu'est-ce que les sols glaiseux ? — Qu'est-ce que les terres franches ? — Existe-t-il encore d'autres divisions des sols ? —

(1) Terre argileuse pure, base de l'alun.

CHAPITRE II.

—

DES AMENDEMENTS.

Il existe deux espèces d'éléments qu'il est important de distinguer, et qui sont d'une nécessité absolue au sol. Les uns proviennent de corps organiques, les fumiers, par exemple, et portent le nom d'*engrais*, principale nourriture des plantes. Les autres qui appartiennent au règne minéral, en grande partie, sont la marne, le plâtre, etc., et sont nommés *amendements*. La terre qui les reçoit acquiert des propriétés dont les avantages sont considérables relativement à la culture.

Les amendements ont pour résultat l'ameublissement de la terre si elle est trop compacte, et l'adhérence de toutes ses parties si elle est trop légère.

Toutes les terres pures sont infertiles. La nature en les mélangeant forme la terre végétale. Il faut donc imiter le travail de la nature en amendant les terres dans ce qu'elles ont de défectueux. Mais pour arriver à ce résultat, il importe d'abord de connaître l'action et le mode d'emploi des substances qui sont nécessaires pour l'amélioration du sol.

S'il y a des terres qui ne réunissent pas les éléments nécessaires à ce qui constitue leur bonne composition, l'agriculteur doit porter toute son attention à cette circonstance et employer tous les moyens qu'il peut posséder pour l'amélioration de son sol; mais avant tout, il lui importe d'avoir les connaissances suffisantes sur l'action et le mode d'emploi de ces substances.

QUESTIONNAIRE.

Quels sont les éléments dont le sol a besoin ? — Qu'est-ce qu'ils donnent à la terre ? — Toutes les terres pures sont-elles fertiles ? — Que doit faire le cultivateur pour réussir ?

DE LA MARNE. (1)

Cette matière doit être considérée comme le premier des amendements. Elle est un composé de carbonate de chaux, d'argile, de sable, de détritus, de coquilles et d'autres substances inorganiques, de nature et de proportions variables.

On la trouve fréquemment dans les chemins creux, les ravins et les bas-fonds. Pour la trouver on peut se servir d'une tarière, instrument propre au sondage des terres.

Il y a plusieurs espèces de marne. On en voit de blanches, de jaunes-verdâtres, de grises, de violettes, de bleues, de noires, et de diverses nuances, participant de toutes ces couleurs. On y remarque souvent des débris de coquillages. Ce sont ordinairement les blanches qui sont employées. La quantité de carbonate de chaux constitue les différences dans les propriétés de la marne. C'est le carbonate de chaux qui agit chimiquement sur le sol. Les marnes ordinaires sont celles qui contiennent de 40 à 60 pour cent de leur poids de carbonate de chaux ; les argileuses, celles qui contiennent de 20 à 40 pour cent et dont le reste est mêlé d'argile et d'un peu de sable ; les calcaires, celles où le carbonate de chaux forme de 60 à 90 pour cent ; les argileuses, celles qui contiennent moins de 20 pour cent de carbonate de chaux. La marne est employée avec chance de succès sur tous les terrains, à l'exception de ceux où le carbonate de chaux domine.

Pour s'assurer qu'une terre est de la marne, on commence par en faire sécher un morceau devant le feu, ensuite on en jette de la grosseur d'une petite noix dans un verre de façon qu'elle baigne dans l'eau aux trois quarts : Si cette terre se délite et qu'elle tombe en bouillie au fond du verre, c'est une

(1) La marne existe dans diverses parties de notre département. On la trouve à Corneilla-de-la-Rivière sur la *Pujade d'en Calès* ; à Pézilla, dans plusieurs endroits, et notamment en descendant du ravin nommé *lo Manadell* ; à Thuir dans un endroit nommé *Cabanya d'en Batlle* ; sur le chemin de Millas, à Força-Réal, à gauche, avant d'arriver à la métairie Cagarriga. Les paysans la connaissent sous le nom caractéristique de *Cerç ell de gal*, *Terra morta*, mais ils ignorent le parti qu'on peut en tirer.

preuve que c'est de la marne. Encore mieux. On verse quelques gouttes d'acide nitrique ou eau-forte sur la terre que l'on veut essayer, on la remue avec une baguette de bois ; si elle se met en effervescence, on peut être sûr que c'est de la marne. On peut se servir en place d'eau forte de bon vinaigre, il produira le même effet.

On rencontre des argiles très-maigres qui se dilatent comme la marne.

Les bonnes marnes sont celles qui renferment le plus de carbonate de chaux.

QUESTIONNAIRE.

Qu'est-ce que la marne ? — Où la trouve-t-on ? — Quelles sont les espèces principales de marne ? — Que produisent les propriétés bienfaisantes de la marne ? — Sur quels terrains doit-elle être employée ? — Quel procédé emploie-t-on pour reconnaître la marne ? — N'y a-t-il pas des argiles qui se dilatent comme la marne ? — Quelles sont les bonnes marnes ? —

EMPLOI DE LA MARNE.

La marne ne doit pas être mise en trop grande quantité sur les champs ; elle pourrait nuire aux récoltes parce qu'elle agirait trop fortement sur l'humus. Il y a des terres où 20 mètres cubes par hectare sont suffisants, d'autres où il en faut davantage. Si on ne connaît pas la proportion qui convient aux terres qu'on veut amender, il faut préalablement faire des expériences. On en met peu d'abord et on augmente la quantité tant que l'on obtient de bons résultats ; mais il ne faut pas négliger d'engraisser les terres en même temps avec du fumier, parce que la marne, comme presque tous les amendements, tend à épuiser les terres.

Les bons effets de la marne durent de 10 à 12 ans. C'est pour l'ordinaire, après deux ou trois ans qu'on les éprouve très-sensiblement.

Le marnage s'effectue de cette manière : On transporte la
marne sur les champs avant d'en faire le labourage ; c'est toujours en automne. On la place par monceaux : le soleil, les gelées,
les neiges, les pluies l'attendrissent ; au printemps, il faut l'écraser au maillet, puis la distribuer également et en petite quantité
sur le sol au moyen de la pelle. Il faut encore laisser ces petits
monts ainsi multipliés quelque temps exposés à l'air, ensuite
labourer plusieurs fois, à quinze jours d'intervalle, surtout quand
il a plu. Avant le dernier labour, il est avantageux de passer sur
le sol la herse et l'extirpateur, qui distribuent l'amendement
d'une manière à peu près égale. Après ce travail, et pendant l'été,
on peut donner le dernier labour qui doit être plus profond que
les autres. L'amendement se trouvera alors mélangé avec le sol
d'une manière convenable.

Les terres arrosables, qui ne sont jamais en jachère pendant
l'hiver ni l'été, peuvent recevoir des monceaux de marne, comme
nous l'avons déjà dit. Lorsqu'elle a été écrasée au maillet, on
amène l'eau dans les champs, à différentes fois. La marne étant
dissoute, il faut labourer la terre lorsqu'elle est desséchée,
remettre ensuite l'eau et continuer ainsi jusqu'à ce que l'on voit
que la marne est bien mêlée avec la terre. Par ce moyen, on ne
perdra pas une récolte de quelque denrée qu'elle soit.

QUESTIONNAIRE.

Quel est l'emploi de la marne ? — Quelle est la quantité de
marne suffisante par hectare de terre ? — Le marnage dispense-
t-il de l'emploi du fumier ? — Avant d'employer la marne faut-il
faire des expériences ? — Combien de temps durent les bons
effets de la marne ? — Comment s'effectue le marnage ? — Les
terres arrosables peuvent-elles être marnées ? — Que faut-il faire
lorsque la marne est écrasée sur ces terres ?

DE LA CHAUX.

La chaux, qui a perdu son eau de cristallisation par l'action du
feu, est encore un bon amendement. Elle est inférieure à la
marne, quant au bien qu'elle peut produire ; mais elle a le pré-

cieux avantage de détruire les insectes, d'écarter même les taupes-grillons.

La chaux ne convient comme amendement qu'aux sols qui ne renferment point de principes calcaires, que l'on reconnaît en versant sur la terre que l'on veut chauler du vinaigre ou de l'eau forte, il en résulte alors un bouillonnement indiquant que cette terre contient de la chaux. Il serait, d'après ce résultat, dangereux de mêler de la chaux dans cette terre. La chaux est une matière très-âcre, très-excitante, qui ne peut être employée qu'avec discernement dans notre pays ; elle produit de bons résultats sur les terres marécageuses, tourbeuses et humides pour activer la décomposition des racines, des joncs et d'autres mauvaises plantes dont ces terrains sont infestés. Les terres légères dans lesquelles le sable domine ne peuvent point recevoir de la chaux.

La chaux perd une partie de ses qualités corrosives et brûlantes si elle est laissée longtemps répandue sur le sol en couches minces ; dans cet état, elle peut être employée sans inconvénient.

QUESTIONNAIRE.

Peut-on se servir de la chaux comme amendement ? — A quoi reconnaît-on qu'une terre contient de la chaux ? — Quelle espèce de matière est la chaux ? — Sur quelles terres produit-elle de bons résultats ? — Les terres légères peuvent-elles recevoir de la chaux ? — Qu'arrive-t-il à la chaux si elle est laissée longtemps répandue sur le sol ?

EMPLOI DE LA CHAUX.

Le chaulage des terres s'effectue en automne et au printemps. Les pierres, au sortir du four, sont disposées dans le champ par tas de 2 décalitres environ, éloignés l'un de l'autre de 5 à 8 mètres. On les recouvre tout de suite d'une bonne couche de terre, suivant la nature du sol, et on les laisse en cet état une quinzaine de jours, pendant lesquels la chaux fuse et se réduit en poussière. Si la terre qui couvre les tas s'entr'ouvre, il ne faut pas négliger de boucher les fissures pour que l'eau de la pluie n'y pénètre pas et que la chaux ne perde pas de sa force.

Après ce temps, on mélange la chaux avec la terre qui la couvre, et on la laisse amoncelée en cet état, pendant trois ou quatre semaines. On la répand en suite sur tout l'arc de terre avec des pelles, en ayant soin de n'en pas mettre plus à un endroit qu'à l'autre. S'il fait du vent, on opérera en sens contraire du vent. On peut faire deux tas par are au lieu d'un, pour avoir moins de peine à les épandre.

Le chaulage ayant été effectué, on fume dans la mesure ordinaire et on commence le travail par un léger labour pour de ne pas trop enfoncer l'amendement et l'engrais, et afin que les autres labours qui suivront pour semer les maintienne dans la couche végétale.

Les amendements minéraux n'étant pas une matière très-légère, e différant en cela des fumiers, tendent toujours à s'enfoncer. Une fois qu'ils se trouvent placés en dessous de la couche du sol cultivable, ils ne produisent aucun effet.

QUESTIONNAIRE.

A quelle époque s'effectue le chaulage des terres ? — De quelle manière se fait-il ? Que faut-il faire après que le chaulage a été effectué ? — A quoi tendent les amendements minéraux ?

DU PLATRE.

Le plâtre, qui porte aussi le nom de gypse, lorsqu'il est en pierre, contient de l'acide sulfurique et de la chaux. C'est un des agents les plus fécondants de la végétation et est un puissant amendement. Il produit de bons effets sur les plantes légumineuses, telles que la luzerne, l'esparcette, les fèves, les haricots, etc.;

mais il ne faut pas le répandre sur les prairies naturelles où les graminées souffriraient du développement considérable que prendraient les plantes légumineuses qui s'y trouvent toujours ; il n'a pas d'effet sur le blé, le seigle, l'orge, etc.

Le plâtre, mélangé avec le soufre (deux tiers de soufre un tiers de plâtre), produit un très-bon résultat sur la vigne. On incorpore avec avantage le plâtre dans le fumier de ferme pour empêcher l'ammoniaque de s'échapper.

Le plâtre ne veut pas, comme la marne et la chaux, être enfoui dans la terre ; c'est seulement sur les plantes lorsqu'elles commencent à couvrir le sol. Répandu sur les haricots lorsque les boutons à fleur commencent à se former, il produit de très-bons effets, en ce qu'il donne de la force aux plantes et les préserve de la rouille.

Pour répandre le plâtre en poudre, il faut le placer dans un crible bien serré et le secouer sur les plantes qui doivent en être blanchies suffisamment. On peut faire cette opération en jetant avec la main le plâtre à la volée. Il faut, pour bien réussir dans les deux cas, opérer le matin ou le soir lorsque le soleil descend, par un temps calme autant que possible, et dans le jour, après une ondée qui pourrait survenir. Si l'on craint le vent ou la pluie, il faut renvoyer le plâtrage dans un moment opportun, car le plâtre n'agit que sur les feuilles, et non sur les tiges ni les racines.

La quantité de plâtre que l'on doit employer est ordinairement de 2 à 3 hectolitres par hectare ou 1,800 kilogrammes.

QUESTIONNAIRE.

Qu'est-ce que le plâtre et que contient-il ? — Quelles sont ses qualités fécondantes ? — Sur quelles plantes produit-il de bons effets ? — Mélangé avec le soufre, sur quelle plante opère-t-il un bon résultat ? — Dans quoi l'incorpore-t-on et pour quel motif ? — Le plâtre veut-il être enfoui comme la marne ? — Que produit-il étant répandu sur les haricots ? — De quelle manière répand-on le plâtre sur les plantes ? — Quand est-ce qu'il faut faire le plâtrage ?

DES CENDRES.

Les cendres, comme la marne et la chaux, sont un puissant stimulant; elles ne doivent être employées qu'avec modération et après s'être assuré de la qualité des terrains.

L'efficacité des cendres dépend des éléments qui les composent. Les principales espèces que l'on emploie sont : les cendres de bois et les cendres de tourbe, rarement celles de houille.

Les cendres de bois sont les meilleures, et celles par conséquent qu'on emploie le plus généralement. Elles renferment des sels alcalins en plus grande quantité que la chaux éteinte. Moins il y a de terres et d'oxydes dans les cendres, plus elles ont de valeur.

Les cendres n'agissent que sur les sols non calcaires ; elles rendent plus meubles les sols compactes et en augmentent la fertilité. Il faut avoir soin de ne pas les laisser en tas sur le sol, parce qu'alors elles seraient plus nuisibles que bienfaisantes. Les cendres conviennent mieux aux terrains humides, qu'il faut avoir soin de bien assainir, (1) qu'aux terrains secs. Elles produisent un bon effet, ainsi que la charrée ou cendres qui ont servi à faire la lessive, lorsqu'on les répand sur les trèfles et les prairies naturelles. On en fait usage aussi pour le blé et d'autres récoltes, mais il faut les enterrer par le moyen des labours aussitôt qu'on les a répandues.

Les cendres de tourbe agissent comme amendement calcaire et comme stimulant. Cet amendement ne peut pas être employé dans notre département, parce qu'il n'y a point de tourbières.

Il n'est pas facile de déterminer la quantité de cendres qu'il faut employer.

QUESTIONNAIRE.

Les cendres sont-elles un stimulant ? — De quoi dépend l'efficacité des cendres ? — Quelles sont les cendres qu'on emploie ? — Quelles espèces de cendres sont les meilleures ? — Sur quelles

---

(1) Assainir un terrain veut dire en faire disparaître la trop grande humidité par le moyen de rigoles et mieux encore par le drainage.

natures de sols agissent les cendres ? — A quels terrains conviennent-elles mieux ? — Comment agissent les cendres de tourbe ? — Quelle est la quantité de cendres que l'on peut employer ?

CHAPITRE III.

—

DE CERTAINES AUTRES SUBSTANCES PROPRES A L'AMÉLIORATION DE LA TERRE.

—

DU FALUN OU CRON. (1)

Les falunières sont des bancs de terre composée d'un amas considérable de coquillages, de détritus de coquilles, de coraux, de madrépores, d'os de poissons, etc.

Le falun est employé comme la marne. Une terre falunée une fois, l'est pour vingt-cinq ou trente ans. On porte le falun en octobre sur les champs, et on le répand desséché d'une manière uniforme, ensuite on laboure la terre plusieurs fois, afin que cette matière s'incorpore avec la couche arable.

DE LA TANGUE.

La tangue est un limon qui se trouve dans la mer. Elle constitue un amendement et un engrais puissant dont on fait un grand emploi en Angleterre et en Normandie. On en confectionne des composts qui ont une grande valeur et dont on se sert pour fumer les terres à blé. Notre mer, surtout dans les ports, doit renfermer des quantités considérables de tangue.

----

(1) Il en existe au Boulou, à un endroit nommé *le port de Velmanya*, à une colomine qui avait appartenu à M. Candy. Il y en a un banc considérable à l'hermitage de Notre-Dame-du-Remède, terroir de Millas ; à Nefiiach, au bas de la Garrigue, près de la Rivière.

DU PLATRAS.

Le plâtras provient des murs c l'on a démolis. Il ne peut être employé que pour les oliviers, les figuiers et la vigne, au pied desquels il est enterré. Cependant, répandu sur les terres fortes, il produirait un bon résultat, en ce sens qu'il tendrait à diviser la terre.

DES BOUES ET DES TERRES DES ROUTES.

Les boues et les terres des routes entretenues au moyen de pierres calcaires produisent, comme la chaux, de bons effets sur le sol; elles peuvent produire de bons effets aussi sur les vignes et les oliviers.

Les boues que l'on retire du fond des ruisseaux d'arrosage forment un excellent engrais, lorsqu'après avoir été desséchées et écrasées au maillet, elles sont répandues sur les terres qui doivent être semées en blé.

DU TAN ET AUTRES DÉTRITUS.

Le tan qui a servi aux tanneurs, la décomposition des saules et d'autres vieux arbres offrent des terreaux précieux pour les jardiniers.

Les plantes marines, telles que les varecs, les goëmons, sont des objets importants dont on peut tirer un grand parti en agriculture; comme la fangue, elles peuvent servir à faire des composts, à être enfouies dans la terre et à fumer les vignes.

Les feuilles des arbres, les rameaux de buis, les fougères, les bruyères sont aussi des produits qui viennent naturellement et qu'il ne faut pas dédaigner. Employés comme litière aux pieds des bestiaux, ils donnent un excellent fumier.

Les tiges de maïs coupées par morceaux et mises dans une fosse suffisamment mouillée pour les faire décomposer, forment un très-bon amendement pour les vignes et les oliviers. Enfin, les herbes, les plantes, les tiges des fèves, des pois, des haricots, après qu'elles ont été battues, ainsi que leurs débris, doivent être placées dans une fosse, où au moyen de l'eau elles se décomposent. Elles peuvent être employées avec un grand avantage comme fumure des vignes.

Tout cela prouve qu'en agriculture rien ne doit être dédaigné et que la terre s'accomode très-bien de ce qu'on lui a pris.

ENFOUISSEMENT DES VÉGÉTAUX.

Un amendement bien important par les bons résultats qu'il produit, c'est l'enfouissement de certaines plantes, telles que les féveroles, les vesces, les lupins, le trèfle, le sarrasin.

Les graines de ces plantes doivent être semées dru, et lorsqu'elles sont en fleur, on les enfouit, soit avec la charrue, soit avec la houe. Par leur décomposition, elles fournissent à la terre de la fraîcheur et un humus parfait. Cette opération n'est toujours pratiquée que sur des sols épuisés qu'elle rétablit d'une manière étonnante.

L'enfouissement des plantes produit de très-bons résultats dans les vignes. Ce travail est peut-être dispendieux, mais il paye suffisamment le maître et économise le fumier.

DU SABLE ET DE L'ARGILE.

C'est une erreur de croire que le sable est propre à modifier la composition des sols argileux et que l'argile améliore les terrains sablonneux.

Le sable et l'argile ne se combinent pas facilement. L'argile ne fait point d'adhérence avec le sable ; celui-ci tendant toujours à descendre à travers la couche arable, dans le sous-sol, sans avoir produit aucun résultat ; il n'ameublit donc pas les terrains argileux.

On peut trouver très-souvent le moyen de modifier le sol sablonneux par un labour profond, avec une forte charrue qui ramène à la longue le sous-sol à la superficie. Les terrains argileux peuvent s'améliorer au moyen de l'écobuage, opération qui consiste à mêler des mottes d'argile sèche avec des plantes ou de petites branches, et à brûler le tout ensemble. On répandra ensuite la cendre sur la surface du sol qu'il faut tout de suite labourer.

QUESTIONNAIRE.

Qu'entend-on par falunières ? — Quel est l'emploi du falun ? — A quelle époque et comment est-il employé ? — Qu'est-ce que la tangue ? — A quoi sert-elle ? — Qu'est-ce que le plâtras ? — Quel est son emploi ? — Que produisent les boues et les terres des routes ? — Les boues retirées du fond des ruisseaux que forment-elles ? — Les sols sont-ils améliorés par les boues et les terres des routes ? — Les boues retirées du fond des ruisseaux donnent-elles un bon engrais ? — Que produisent le tan des tanneurs et la décomposition des vieux arbres ? — Les feuilles des arbres doivent-elles être utilisées ? — Les tiges de maïs que produisent-elles ? — Toutes les herbes, les plantes, les tiges des fèves et autres ne peuvent-elles pas être employées avec avantage comme fumure des vignes ? — Que prouve tout cela ? — Que produit l'enfouissement des plantes ? — Comment faut-il semer les graines de ces plantes ? — Que fournissent-elles par leur décomposition ? — Quel résultat donne l'enfouissement des plantes dans les vignes ? — Le sable modifie-t-il la composition des sols argileux ? — Le sable et l'argile se combinent-ils ensemble ? — Quelle est la tendance du sable ? — Ameublit-il le terrain ? — Peut-on trouver le moyen de modifier le sol sablonneux ? — Les terrains argileux peuvent-ils s'améliorer, et par quel moyen ?

CHAPITRE IV.

DES OPÉRATIONS PROPRES À AMÉLIORER LES TERRES.

S'il est nécessaire d'améliorer le sol, sous le rapport des principes dont il est formé, on doit employer tous les moyens possibles afin de le rendre plus productif par différentes opérations qu'il est important de connaître.

Par des travaux faits avec soin et intelligence, on peut mettre en culture des terres qui sont restées longtemps sans valeur. Les engrais ne peuvent pas agir, si, avant tout, le sol n'est pas disposé à les recevoir et à profiter de leurs bienfaits.

DE L'ASSAINISSEMENT DU SOL.

On rencontre assez fréquemment des terrains improductifs : les uns, parce que l'eau les recouvre pendant une grande partie de l'année, les autres parce qu'ils sont toujours humides ; l'humidité étant produite par le sous-sol qui est imperméable.

On parvient à assainir ou à égoutter les terrains de la manière suivante : on ouvre une tranchée en commençant par le plus bas de la pente, on y place des pierres, des branches ou même des pièces de bois de chêne, de peupliers et mieux d'aulne (verne), en forme de voûte, on les recouvre ensuite en remettant par-dessus la terre qui avait été retirée pour former la tranchée. Si on emploie des pièces de gros bois, le passage des eaux se fait bien facilement en mettant une pièce sur deux, et en soulevant un peu celle de dessus avec des cales, de distance en distance. Les branches et les pièces de bois se conservent dans la terre un temps infini. Néanmoins il y faut faire de temps en temps des réparations, parce qu'il y arrive des encombrements.

Depuis peu de temps on a inventé des tuyaux en terre cuite qu'on place dans la terre et qui sont très-propres à l'écoulement des eaux souterraines et à l'égouttement des terres. On a donné à cette opération le nom de *drainage*, mot qu'on a emprunté de la langue anglaise.

Il existe divers écrits sur la manière de procéder au drainage, opération qui peut-être est plus économique et plus expéditive que le procédé mis en pratique dans notre pays.

QUESTIONNAIRE.

Pourquoi rencontre-t-on des terrains assez souvent improductifs ? — Comment parvient-on à assainir un terrain ? — Qu'est-ce que le drainage ?

DE L'ÉPIERREMENT.

L'épierrement est à peu près inutile sur un sol où les pierres se trouvent mélangées avec une faible quantité de terre végétale.

L'épierrement facilite le fauchage des prairies et d'autres récoltes; il contribue aussi à leur produit, puisqu'une pierre peut occuper la place d'une plante. Il y a pourtant des terres chaudes calcaires et des terres glaises où il ne faut pas le pousser trop loin. Dans les terres calcaires, les pierres servent à maintenir quelque fraîcheur, et dans les terres glaises, à soutenir la terre et à la soumettre à l'influence de l'atmosphère.

L'épierrement peut avoir lieu sur les terrains dans lesquels les pierres ont une certaine grosseur et sont mêlées à une bonne partie de la terre arable.

Celles qui roulent à la surface doivent être enlevées les premières, ensuite, après des labours un peu profonds, on fait enlever, avec des pioches ou des pieux, celles que la terre recouvre, et qui sont ordinairement les plus grosses.

QUESTIONNAIRE.

L'épierrement est-il utile? — Quels avantages produit-il? — Dans les terrains où les pierres ont une certaine profondeur l'épierrement peut-il se faire? — Comment y procède-t-on?

DU DÉFRICHEMENT.

Les défrichements ont pour but de convertir en terres propres à la culture des terrains restés improductifs. Si ces terrains sont encombrés de plantes et d'arbustes trop gros, on les arrache d'abord avec des pioches, et puis on leur donne un premier labour avec la charrue propre à ce travail qui sera superficiel.

On brûle à la suface du sol les joncs, les menues plantes, les bruyères, etc. dont on n'a pas pu tirer parti. Le premier labour est suivi de deux ou trois autres selon l'état du sol.

Après le défrichement, il faut laisser le terrain sans production afin de bien égaliser la terre et de la soumettre aux influences atmosphériques. Cependant on peut semer la première année sur ces terrains de l'avoine, du sarrasin et des pommes de terre ou du maïs s'ils ont de la consistance. Les prairies artificielles ne réussissent pas bien dans les premières années d'un défrichement.

QUESTIONNAIRE.

Quel est le but du défrichement? — Comment s'opère le défrichement? — Que fait-on après le défrichement?

DES TERRAINS IMPRODUCTIFS PAR L'ABONDANCE DU SEL.

Dans diverses parties de la Salanca, il y a des terrains considérables qui sont improductifs, à cause de la grande quantité de sel qu'ils renferment. On pourrait cependant les rendre propres à quelque chose d'utile, et, pour atteindre ce but, il faudrait commencer par s'assurer si le sous-sol contient de l'humus ou toute autre qualité de terre, qui, ramenée insensiblement à la surface par des labours profonds, serait ensuite par d'autres labours sagement et prudemment mélangée avec celle de la surface. On devrait ensuite répandre en quantité sur cette terre ainsi préparée, des balles de blé, qui, par un léger labour, seraient tout de suite recouvertes. Ces balles décomposées adoucissent singulièrement la terre.

Mais si on suivait la méthode de M. Brémontier (1), on aurait

---

(1) Brémontier, ingénieur des ponts et chaussées, arrêta la marche progressive des sables des dunes qui auraient englouti

dans quelques années ces terrains couverts d'une immensité de pins maritimes, et notamment les grandes étendues de sable qui sont au bord de la mer.

QUESTIONNAIRE.

Pourquoi certains terrains de la Salanca sont-ils improductifs ? — Que faudrait-il faire pour les rendre productifs ? — Quels résultats produirait la méthode de M. Brémontier.

DE L'ÉCOBUAGE (en catalan : FER FORMIGOUS).

L'écobuage, qui est encore un amendement, produit à peu près les mêmes effets que les substances calcaires. Il est de plus utile, parce qu'il détruit les mauvaises herbes, les insectes et leurs larves.

On pratique avec succès l'écobuage sur les sols qui sont restés incultes pendant longtemps.

L'écobuage est bon encore pour les terrains qui viennent d'être défrichés, qui sont froids, glaiseux, graveleux, siliceux, reposant sur argile et qui sont remplis de racines, de bruyère, de presles, de joncs, de marrubes, etc. Il est avantageux aussi aux vieux prés ; mais non pas aux terres légères qui contiennent très-peu de débris organiques.

L'écobuage enlève aux terres toutes les parties huileuses et laisse le sel dans les cendres ; il serait dangereux sur les terres qui avoisinent la mer. Il produit aussi de bons résultats sur les

Minizan, tout près de Bordeaux. Il sema sur les sables salés et mouvants des graines d'ajoncs, de genêt et de pins maritimes qu'il faisait couvrir en même temps de branchages, de broussailles, d'arbustes, etc. Par le procédé de M. Brémontier, l'État possède sur les dunes de Gascogne dix-huit mille hectares de belles forêts de pins maritimes.

montagnes (1) et dans les terrains marécageux, argileux et substantiels ; il les rend plus perméables et les ameublit.

L'opération de l'écobuage doit s'effectuer au printemps ou pendant l'été. A ces époques, les plaques de gazon et les plantes se
sèchent facilement et peuvent être plus tôt soumises à la combustion.

Cette opération se fait ainsi : On enlève d'abord à la bêche tous
les gazons de la surface, de l'épaisseur de deux travers de doigt
environ, dans les terrains secs, à herbe courte, et un peu plus
profondément dans ceux qui sont humides, spongieux et à gros
herbages. Lorsque les gazons sont suffisamment desséchés, on
les réunit en petits tas qu'on arrange en forme de fourneaux,
ayant soin d'y laisser un vide par le bas, dans lequel on met du
menu bois ou des broussailles pour commencer la combustion.
Il faut veiller à ce que la flamme ne sorte point ; si cela arri-
vait, on mettrait par-dessus des gazons à mesure qu'elle se ferait
trop de jour. On les laisse brûler lentement et d'eux-mêmes
pendant quelques jours. Lorsqu'ils sont entièrement éteints, et
que les cendres et les menus charbons sont refroidis, on répand
également ces cendres à la surface du sol ; on les enterre ensuite
par un léger labour et l'on sème ou l'on plante la récolte que l'on
destine au terrain. Si c'est du blé, il faut semer clair.

L'écobuage peut se faire avec succès aussi sur les terres qui ne
sont pas engazonnées et qui sont en plein rapport ; mais alors
on forme les fourneaux avec des romarins, des buis, des cistes
(mouchéras), des genêts, de menues branches de saule ou autres
arbustes, de la paille de maïs, de fèves, de fougère surtout, etc.
Il n'y a alors qu'à couvrir les tas de terre.

L'opération de l'écobuage est dispendieuse, il est vrai ; mais la
dépense et la peine sont compensées par une plus abondante
récolte dont les produits seront toujours de bonne qualité.

Il est bon de faire remarquer que les terres écobuées sont très-
productives les premières années ; mais que souvent on les voit

_____

(1) Sur nos montagnes, toutes les fois qu'on fait un défrichement (en catalan, *artiga*), on procède à l'écobuage qui équivaut
à une bonne fumure.

bientôt après décliner en fertilité. Il est alors absolument nécessaire de les fumer convenablement et d'en varier le genre de
culture.

QUESTIONNAIRE.

Que produit l'écobuage? — Sur quels sols l'écobuage se pratique avec succès? — Est-il bon pour les terrains qui viennent
d'être défrichés? — Est-il avantageux aux vieux prés et aux
terrains légers?

CHAPITRE V.

—

DES ASSOLEMENTS.

On entend par assolement un cours de récoltes successives dans
un ordre quelconque. Ainsi le blé ou toute autre plante ne doit
revenir sur une sole ou partie de terre qu'au bout d'un certain
nombre d'années.

Le meilleur assolement est celui qui, en prenant le moins au
sol, donne le produit net le plus considérable; cependant il ne
doit se composer que de plantes qui se plaisent dans le sol auquel
il est destiné, et on ne doit jamais agir en sens inverse de ce
qu'indique la nature.

En principe, on doit, autant que possible, faire succéder une
plante améliorante à une plante épuisante et varier les cultures;
c'est la condition d'une fertilité incessante, fertilité dont nos
jardins présentent l'exemple.

On entend par plantes améliorantes les plantes fourragères, et
par plantes épuisantes toutes celles qui arrivent à graine et à
maturité.

Le talent de l'agriculteur, lorsqu'il doit créer un assolement,
consiste dans le choix des plantes qui doivent se succéder sans

porter préjudice à la fécondité de la terre, qui s'effrite et ne veut pas recevoir si fréquemment la même plante : elle est comme notre estomac qui se fatigue bientôt de la même nourriture.

La terre n'a pas besoin de repos : elle ne peut être laissée en jachère que lorsqu'elle doit être purgée de chiendent et d'autres plantes qui en dévorent la substance et étouffent les récoltes.

Les terres des *aspres*, après la récolte du blé, sont laissées presque toutes en jachère complète. Cela doit être ainsi, parce qu'on n'a pas du fumier pour les cultiver de nouveau, et qu'on les laisse pour le parcours des troupeaux, qui broutent les herbes dont elles se couvrent après les moindres pluies. Ce système est mauvais, dans ce sens que ces herbes finissent par dévorer l'engrais qui reste, que ces terres sont improductives et que cependant il faut en payer le fermage et les contributions. Au lieu donc de laisser ces terres en jachère absolue, mieux vaudrait les mettre en culture en les semant de fèves, de féveroles, de pois, de trèfle et de vesces mêlées avec de l'orge pour fourrage vert. Par ce moyen, on aurait une plus grande quantité de ressources qui permettraient d'augmenter le nombre des bestiaux et d'avoir par conséquent une masse plus considérable de fumiers.

L'assolement biennal et l'assolement triennal, le premier sur tout, qui est généralement pratiqué dans les terres des aspres et de la Salanca, sont extrêmement vicieux, parce que le blé vient trop fréquemment sur la même sole. Dans les terres du *riberal*, il n'y a point d'assolement arrêté, et cependant on pourrait en former un qui donnerait des avantages plus considérables que le système qui y est suivi.

Pour les terres aspres, pour celles du riberal et de la salanca, on pourrait suivre les assolements ou rotations qui sont indiquées dans les tableaux suivants, en prenant pour base les terres d'un domaine, réparties en soles ou portions égales, ou à peu près, non compris les prairies naturelles ou artificielles dépendant du domaine.

Il est bon de remarquer que les soles de ces tableaux, où se trouvent portées les féveroles, les vesces, les pois ou autres plantes différentes, peuvent être ensemencées, chacune d'elles, d'une seule espèce de grains ou divisées en deux ou trois parties pour y semer en particulier ce qui ... jugé nécessaire.

POUR LES TERRES ASPRES.

	Sole 1re.	Sole 2e.	Sole 3e.	Sole 4e.
1e année	féveroles, vesces, pois.	esparcette ou trèfle.	blé.	avoine ou orge.
2e année	blé ou seigle.	avoine ou orge.	esparcette ou trèfle.	féveroles, vesces, pois.
3e année	esparcette ou trèfle.	féveroles, vesces pois.	avoine ou orge.	blé ou seigle.
4e année	avoine ou orge.	blé ou seigle.	féveroles, vesces, pois.	esparcette ou trèfle.

L'esparcette peut rester 2 ans ; mais l'année d'après on ne sème ni avoine ni orge.

POUR LES TERRES DE LA SALANCA.

	Sole 1re.	Sole 2e.	Sole 3e.	Sole 4e.
1e année	pommes de terre, bette-rave.	blé.	trèfle ou esparcette.	avoine ou maïs, haricots ou féveroles.
2e année	blé.	trèfle ou esparcette.	avoine ou maïs, haricots ou féveroles.	pommes de terre ou betterave.
3e année	trèfle ou esparcette.	avoine or maïs, haricots ou féveroles.	pommes de terre ou betterave.	blé.
4e année	avoine, maïs, haricots ou féveroles.	pommes de terre ou betterave.	blé.	trèfle ou esparcette.

POUR LES TERRES A L'ARROSAGE.

	Sole 1re.	Sole 2e.	Sole 3e.	Sole 4e.
1e année	pommes de terre et bette-rave.	trèfle ou esparcette.	blé.	orge ou féveroles, maïs ou haricots.
2e année	blé.	orge ou féveroles, maïs ou haricots.	trèfle ou esparcette.	pommes de terre et betterave.
3e année	trèfle ou esparcette.	pommes de terre et betterave.	orge ou féveroles, maïs ou haricots.	blé.
4e année	orge ou féveroles, maïs ou haricots.	blé.	pommes de terre ou betterave.	trèfle ou esparcette.

Ce dernier assolement n'empêche pas de faire sur les éteules des cultures de haricots et de maïs.

Le petit cultivateur qui ne possèderait qu'un petit terrain pourrait y établir l'assolement suivant :

1ʳᵉ et 2ᵉ années, Esparcette ; après la première coupe de la 2ᵉ année, labourer tout de suite la terre, y semer sans fumure du maïs et des haricots.

3ᵉ année, Blé ; sur le chaume, maïs et haricots ou farrouich.

4ᵉ année, Blé ou pommes de terre avec fumure.

5ᵉ année, Esparcette ; comme la 1ʳᵉ et la 2ᵉ années ensuite.

En suivant cette rotation, la terre ne s'épuisera pas et demandera peu d'engrais tout en donnant de bons produits.

On remarquera dans les exemples d'assolement que nous avons donnés, que le terrain est toujours en état de production, que les récoltes se succèdent sans épuiser le sol, et que le cultivateur aura toujours à sa disposition de la paille pour ses fumiers et des fourrages pour bien nourrir ses bestiaux. Il lui sera facile, par conséquent, d'augmenter le nombre de ses bêtes de travail, de ses brebis, et d'avoir une masse plus considérable d'engrais.

QUESTIONNAIRE.

Qu'entend-on par assolement ? — En quoi consiste le meilleur assolement ? — Quelle succession doit-on suivre dans un assolement ? — Qu'entend-on par plantes améliorantes et par plantes épuisantes ? — En quoi se fait remarquer le talent de l'agriculteur dans le choix des plantes qui doivent entrer dans un assolement? — La terre doit-elle se reposer ? — La jachère est-elle nécessaire dans les terres aspres ? — Ce système est-il bon ? — Que faut-il faire au lieu de laisser ces terres en jachère ? — Les assolements biennal et triennal sont-ils bons ? — Dans les terres du riberal n'existe-t-il aucun assolement ?

CHAPITRE VI.

—

DES ENGRAIS.

On donne le nom d'engrais à toutes les substances animales et végétales qui, étant arrivées à un état complet de décomposition et de fermentation, acquièrent les qualités convenables pour donner à la terre la fertilité qui lui est nécessaire en servant de nourriture aux plantes.

Les engrais forment deux classes : dans la première sont rangés les engrais organiques, qui appartiennent aux corps organisés comme les animaux et les plantes ; dans la seconde sont compris ceux appelés inorganiques, tels que les pierres, les minéraux, la marne, la chaux, etc.

Les engrais d'origine animale sont très-actifs ; mais leur effet est de peu de durée.

Le plus puissant et le plus actif de tous les engrais, parce qu'il contient de l'azote en grande quantité, c'est le guano qui vient du Pérou et de certaines côtes de l'Amérique du Sud. C'est un composé d'excréments d'oiseaux, accumulés depuis des siècles dans ces pays lointains et inhabités. On l'emploie le plus ordinairement à la dose de 250 à 300 kilog. Malheureusement le guano est souvent altéré par la terre ou le sable. S'il est pur, 100 kilog. de guano équivalent à 1,200 kilog. de fumier.

Il est facile de s'assurer si le guano est pur ou mélangé : pour obtenir ce résultat, il faut mettre une grosse pincée de cette matière sur une pelle de fer que l'on place sur le feu. Si l'odeur qui se dégage du guano, lorsqu'il est bien chaud, est nauséabonde et pique les yeux, c'est une preuve qu'il est bon, puisqu'il contient une forte dose d'ammoniaque.

Le voisinage des grands centres de population met à la disposition des viticulteurs le sang, les intestins et autres débris de la boucherie, qui, mêlés avec de la paille ou de la terre, produisent, étant décomposés, un engrais de première qualité. Les animaux morts de maladie, coupés par morceaux, mis aussi avec de la paille ou de la terre, constituent un très-bon engrais, après leur entière décomposition. Dans un grand nombre de contrées du Nord, toutes ces matières animales sont utilisées au profit de l'agriculture.

Les excréments et les urines de l'homme, auxquels on a donné à l'état liquide, le nom de *gadoue*, s'emploient dans plusieurs contrées de l'Espagne et dans le Nord de la France. Étendu de son égal volume d'eau, cette matière ainsi préparée ne sert en Espagne que pour la culture du blé, et dans nos contrées du

Nord, on la répand en hiver sur les terrains qui doivent recevoir des cultures sarclées. Si elle était répandue dans les prairies, elle donnerait un mauvais goût au fourrage.

La poudrette, tant préconisée, est le produit de la gadoue dont on a fait écouler l'urine et qu'on a ensuite fait sécher. Elle a perdu, par l'effet de cette séparation, la plus grande partie de ses principes fertilisants. Elle est jetée à la volée, comme le blé, sur le sol, et ne produit de bons résultats que sur le blé, et une fois seulement. Dans le Nord, elle est employée généralement pour les cultures du lin, du colza, du tabac, etc. Comme la gadoue, elle donne un mauvais goût aux fourrages. Les jardiniers de Paris se gardent bien, pour ce motif, d'employer dans leur culture ou la poudrette ou la gadoue.

La fiente des pigeons, appelée *colombine*, est un des engrais les plus chauds. Si on voulait s'en servir, surtout pour la culture du blé, il faudrait d'abord la faire bien sécher et puis la battre avec un fléau, afin de la réduire presque en poudre. Dans cet état, elle est jetée sur le sol qui doit être tout de suite labouré.

La fiente des poules, *poulée*, a, à peu de chose près, les mêmes vertus fécondantes que la colombine. Si l'on ne veut pas employer ces deux matières à l'état de pureté, il faut, après les avoir écrasées, les jeter par couches sur les fumiers de bœuf, de cheval ou de cochon auxquels elles donneront de la chaleur et de la puissance, ou bien les délayer dans de l'eau et en arroser les fumiers. Il faut être très-circonspect dans l'emploi de ces excréments qui sont brûlants.

Les déjections des bêtes à laine donnent un fumier de très-bonne qualité. Mais, comme il se décompose promptement, il convient aux terres fortes, froides et humides.

Le parcage des moutons et des brebis est une très-bonne chose qui permet d'économiser le transport du fumier dans les champs. Le parcage ne convient point aux terres légères ou sablonneuses; il y ferait plus de mal que de bien. C'est presque toujours sur les sols appauvris que le parcage a lieu. Aussitôt que le terrain a reçu les déjections du troupeau, il faut le labourer. Ces matières perdraient infiniment de leur valeur fertilisante si on les laissait longtemps exposées aux ardeurs du soleil et au hâle du vent; des pluies fortes pourraient entraîner les crottins et les sels contenus dans les urines.

Le parcage des bêtes à laine, dans la plaine du Roussillon, se pratique trop tard et finit trop tôt.

Les crottins de chèvre et de lapin ont autant de valeur fécondante que ceux des brebis ; mais comme ces matières ne sont pas abondantes, il faut les mêler avec les autres fumiers.

Le fumier des porcs est réputé n'avoir qu'une faible valeur fertilisante, parce qu'il contient en grande partie des matières aqueuses qui se mettent difficilement en fermentation ; ce fumier doit nécessairement acquérir de meilleures qualités lorsque ces animaux sont à l'engrais ; ils sont nourris alors avec des aliments solides. Le fumier de porc étant froid de sa nature, ne peut être employé que dans les terrains légers. Cependant il peut prendre de la consistance en le mêlant par couches avec le fumier de cheval.

Le fumier des bêtes bovines n'a pas les qualités du fumier des chevaux ; mais lorsqu'il a été bien confectionné il rend de grands services à l'agriculture, surtout s'il est appliqué à la culture des terres légères et sablonneuses. On doit avoir soin lorsqu'on le répand de le bien diviser. Ce fumier est plus durable que celui des chevaux, parce qu'il ne se décompose pas aussi vite que le premier.

Le fumier des chevaux, des mulets, des ânes est le fumier par excellence, parce qu'on peut s'en servir pour toutes les espèces de terrains. S'il n'était composé que de crottins, il aurait peu de valeur ; mais comme il est abondant en urines, et que ces urines pénètrent les crottins et les substances végétales qui forment les litières, ce fumier fermente et se décompose facilement ; il acquiert alors les qualités désirables pour toutes les cultures. Les jardiniers qui font des primeurs n'emploient que ce fumier pour former leurs couches.

Les fumiers des hôtels et des auberges sont très-bons ; mais ils conviennent mieux, ainsi que ceux provenant des balayures des villes, aux diverses cultures des jardins qu'à celles des champs. Ces fumiers contiennent en grande quantité des matières animalisées qui ne sont autre chose que les dépouilles des animaux préparés pour la cuisine. Ce fumier a beaucoup de force ; mais il faut le laisser longtemps se décomposer.

La paille, comme litière, vaut mieux que les feuilles des arbres qui se décomposent lentement et ne s'imprègnent pas

5

d'urine comme la paille de blé ; et puis le fumier pailleux est très-bon pour les terres argileuses qu'il divise et soulève, et qui sont ainsi facilement pénétrées de l'air extérieur.

Les fumiers qui proviennent d'animaux bien portants et bien nourris ont beaucoup plus de valeur que ceux qui sont produits par des animaux malades ou mal entretenus.

Le purin n'est autre chose que le suc qui découle des fumiers et qui est recueilli dans les fosses ou cuves toujours fermées. Il est reconnu pour un des plus puissants engrais. On ne peut pas l'employer dans l'état naturel ; il faut le mêler à trois fois son volume d'eau en été et à deux fois en hiver. On répand ce mélange au moyen d'un tonneau pourvu d'un robinet, sur les terres à blé et sur les prairies. L'emploi du purin n'est pas mis en pratique en Roussillon.

Indépendamment de tous les engrais ou fumiers que nous venons de passer en revue, il y a encore une infinité d'autres matières dont l'agriculture peut tirer parti. Les râpures des sabots et des cornes, la chair, les os des animaux, les écailles d'huîtres moulues, les débris des poissons, les plumes, les poils, les chiffons de laine, les marcs d'olive et de raisin, sont d'une grande valeur pour les vignes et pour les oliviers. Les tourteaux des noix, du lin, de l'arachide dont on a extrait l'huile, le noir animal sont encore des substances bonnes comme engrais. La charrée, le limon des rivières et le marc de raisin, répandus sur les luzernières et les esparcettes, ont la vertu de faire produire beaucoup de fourrage.

QUESTIONNAIRE.

Qu'entend-on par engrais ? — En combien de classes sont-ils divisés ? — Quelles sont les qualités des engrais d'origine animale ? — Quel est le plus puissant et le plus actif de tous les engrais ? — De quoi est-il composé ? — Dans quelle quantité l'emploie-t-on ? — Est-il toujours pur ? — A quelle quantité de fumier 100 kilog. de guano équivalent-ils ? — Comment s'assure-t-on de la pureté du guano ? — En fait d'engrais, qu'est-ce qu'on trouve dans le voisinage des grands centres de population ? — Que fait-on des animaux morts de maladie ? — Qu'est-ce que la gadoue, où et de quelle manière est-elle employée ? — Que produirait-elle si elle était répandue dans les prairies ? — Qu'est-ce que la poudrette ? — A quelles cultures est-elle

employée et de quelle manière la répand-on ? — La fiente des
pigeons est-ce un engrais ? — Comment faut-il l'employer ? —
La fiente des poules a-t-elle des vertus fertilisantes ? — Si on
voulait s'en servir comme de la colombine, que faudrait-il faire ?
— Les déjections des bêtes à laine étant un très-bon fumier, à
quelles terres conviennent-elles, et pourquoi ? — Le parcage des
bêtes à laine est-ce une bonne chose ? — Convient-il aux terres
légères et sablonneuses ? — Sur quels sols doit-il avoir lieu ? —
Faut-il attendre ou labourer le terrain immédiatement après le
parcage ? — Les crottins de chèvre et de lapin ont-ils de la
valeur comme engrais ? — Pourquoi le fumier de porc est-il
réputé n'avoir qu'une simple valeur fertilisante ? — A quelles
terres convient-il ? — Par quels moyens l'améliore-t-on ? — Le
fumier des bêtes bovines a-t-il les qualités du fumier des chevaux ? — A quelles terres faut-il l'employer de préférence ? —
S'il est bien confectionné, quels services rend-il ? — Ses effets
sont-ils plus durables que ceux du fumier des chevaux ? — Pourquoi le fumier des chevaux, des mulets et des ânes est-il le
fumier par excellence ? — Les fumiers des hôtels, des auberges
sont-ils bons ? — A quelles cultures conviennent-ils mieux, et
pourquoi ? — Pourquoi la litière de paille est-elle meilleure que
celle des feuilles des arbres ? — Les fumiers des animaux bien
portants ont-ils plus de valeur que ceux d'animaux malades ? —
Qu'est-ce que le purin ? — Comment est-il employé ? — Indépendamment de tous les fumiers connus, n'existe-t-il pas d'autres
matières propres à fertiliser la terre ?

DES FUMIERS. — DES SOINS QU'ILS EXIGENT.

La litière ou fumier qui est sous les pieds des chevaux doit
être enlevée chaque jour ou tous les deux jours. Il doit en être de
même de celle des bœufs et des vaches, quoiqu'il y ait des agriculteurs qui prétendent que ces animaux s'engraissent mieux
lorsqu'ils reposent sur du vieux fumier. Cet usage ne peut être
profitable qu'aux bœufs qu'on élève pour la boucherie, et encore
pendant l'hiver seulement.

Les bêtes à laine donnent un fumier sec qui, s'il est laissé
longtemps dans les bergeries, leur est nécessaire pour garantir
leurs pieds de l'humidité. Cependant, si la couche de ce fumier
venait à se moisir, il conviendrait de l'arroser légèrement et de

répandre ensuite sur cette couche un peu de paille. Mieux vaudrait l'enlever entièrement, la mettre en tas et la mouiller tout de
suite.

Le fumier qui, au sortir des écuries ne sera pas employé sur
le champ, sera placé dans une fosse convenable pour le recevoir.
Elle devra avoir au plus 50 centimètres de profondeur. On donnera
à cet emplacement la forme d'un carré ou d'un rectangle, et de
chaque côté on fera un talus pour empêcher l'eau de pluie d'arriver dans les rigoles destinées à conduire le purin qui découle
du fumier et qui se rend dans un puisard pratiqué à l'un des
coins. Si le sol de la fosse est formé de sable, on le garnira d'une
couche de terre forte ou glaiseuse en y faisant un empierrement
en gravier que l'on consolidera au pilon.

Une méthode qui paraît réunir toutes les conditions pour la
fabrication du fumier et qui est employée dans un grand nombre
de localités allemandes est celle-ci :

Les fumiers, au sortir de l'étable, sont disposés en couches bien
étalées et troussées jusqu'à une hauteur de 1 mètre 50 à 2 mètres.
Chaque tas est entouré d'une rigole qui conduit le jus du fumier
dans une fosse d'où on l'extrait avec une pompe, soit pour arroser
le tas au besoin, soit pour le conduire dans les prairies.

Quand un tas est monté au carré, c'est-à-dire de niveau, on en
commence un autre au bout du premier, en attendant que la
masse de celui-ci ait atteint le degré convenable de fermentation
pour être transporté dans les champs.

Il faut avoir soin de placer au milieu du tas toutes les pailles
qui ne seraient pas suffisamment humectées, et de ne pas le laisser
négligemment roulé tel qu'on le retire de l'écurie avec les fourches. Il sera toujours avantageux d'incorporer dans un tas de
fumier celui qui proviendra de la porcherie.

Le fumier, de quelque nature qu'il soit, doit être entassé afin
que par l'effet de sa fermentation, qui est puissante, surtout dans
celui du cheval, et par l'ammoniaque qui s'y développe, la paille se
décompose. Il faut maîtriser la fermentation, en tassant le fumier
le plus fortement possible et en l'arrosant abondamment une ou
deux fois par semaine. On obtient ainsi, en six semaines à deux
mois, un fumier parfaitement fait et qui n'a pas pu prendre le
blanc ou moisissure.

L'arrosement peut se faire à la pompe, à la pelle ou à l'arrosoir; mais celui qui est fait à la pompe produit de meilleurs résultats.

Il existe dans beaucoup de localités la funeste pratique de chercher à hâter la maturité du fumier en le remaniant. Cette opération n'est d'aucune utilité, parce que le fumier bien tassé se confectionne plus promptement. Le fumier remué se moisit et se gâte le plus souvent, en ce que, plus accessible à l'air, il fermente avec plus de violence et perd plus promptement son humidité.

Il y a des gens assez simples pour attribuer la moisissure du fumier aux influences de la lune, et qui se garderaient bien d'en débarrasser les étables à tel quartier de telle lune. Ils feraient mieux de le bien tasser lorsqu'ils le mettent dans les fosses.

On améliore les fumiers, c'est-à-dire qu'on les rend puissants en saturant de sulfate de fer (couperose) à forte dose, l'eau ou le purin employés pour les arroser. Ces arrosements doivent être fréquents, et l'on charge toujours de sulfate de fer le jus qui retombe dans la fosse et que l'on répand sur le tas de fumier. Les eaux chargées de ce mélange pénètrent dans toutes les parties du fumier, et en convertissent l'ammoniaque en sulfate d'ammoniaque.

Le plâtre peut servir à convertir l'ammoniaque du fumier en sulfate d'ammoniaque; mais sa décomposition est plus lente, parce que le plâtre ne se dissout pas dans l'eau, et qu'une poudre ne peut pas pénétrer partout aussi facilement qu'un liquide.

Il est inutile, comme l'ont recommandé certains agronomes, de couvrir de terre le tas de fumier pendant sa fermentation. Il n'est pas bien prouvé qu'il perd en se décomposant une si grande quantité de principes fertilisants qu'on l'a supposé. Cependant on peut répandre sur le fumier du plâtre qui fixe tous les principes volatils.

Le fumier trop décomposé et passé, comme on le dit vulgairement, à l'état de beurre noir, n'est pas le meilleur; il a perdu une grande partie de ses qualités fertilisantes, et, lorsqu'il est trop gras, il n'est pas facile de l'étendre également sur la terre.

Lorsque les fumiers ont été transportés dans les champs, il faut les enfouir tout de suite; si quelque circonstance inattendue s'oppose à ce qu'il en soit ainsi, il faut couvrir de terre les tas pour en empêcher, soit la dissécation, soit la détérioration par la pluie si elle venait à tomber.

Il vaut mieux conduire le fumier sur les champs lorsqu'il est décomposé que lorsqu'il est frais; s'il était dans ce dernier état, les terres sur lesquelles il serait répandu, se trouveraient salies par de mauvaises herbes provenant des graines que la fermentation n'aurait pas pu détruire.

Les fumiers qui reposent dans l'eau perdent presque toutes leurs qualités essentielles. Il est donc infiniment important de les en extraire le plus tôt possible, de les entasser et de les presser bien fortement. Les eaux qui restent dans la fosse serviront à les arroser à mesure qu'ils en auront besoin, comme on l'a dit.

Il sera toujours avantageux de placer les fumiers sous des hangards où la pluie ne peut point les endommager. Ils seraient bien aussi sous des arbres.

QUESTIONNAIRE.

Quand faut-il enlever le fumier qui est sous les pieds des chevaux et celui des bœufs et des vaches? — Quelle espèce de fumier donnent les bêtes à laine? — Est-il nécessaire de le laisser longtemps dans les bergeries? — Pourquoi? — Si la couche de fumier vient à se moisir que faudra-t-il faire? — Que doit-on faire du fumier qui, au sortir de l'écurie, ne sera pas employé tout de suite? — Quelle doit être la profondeur de la fosse à fumier, et comment doit-elle être formée? — Si le sol de la fosse est formé de sable, que faut-il faire? — D'après un procédé allemand pour la fabrication du fumier, comment ce fumier est-il disposé? — Quand un tas est monté de niveau, que fait-on? — Quel soin faut-il avoir en formant les tas? — Le fumier, de quelque nature qu'il soit, doit-il être entassé, et pour quelle raison? — Que faut-il faire pour maîtriser la fermentation? — Qu'obtient-on par ce résultat? — Comment se pratique l'arrosement du fumier? — Est-il avantageux de remanier le fumier, croyant en hâter la maturité? — La lune peut-elle exercer son influence sur le fumier? — Par quels moyens améliore-t-on les fumiers? — Le plâtre peut-il être employé dans le même but? — Est-il avantageux de couvrir de terre les fumiers pendant leur fermentation? — Le fumier trop décomposé est-il le meilleur? — Lorsque le fumier a été transporté dans les champs et qu'on ne peut pas l'employer tout de suite, que faut-il faire? — Est-il plus avantageux d'employer le fumier lorsqu'il est décomposé que lorsqu'il est frais? — Pourquoi? — Est-il bon de laisser séjourner les fumiers dans l'eau?

CHAPITRE VII.

—

DES INSTRUMENTS ARATOIRES.

Les instruments nécessaires pour la culture des terres sont de deux espèces : 1° ceux que l'homme utilise avec ses bras et dont presque tous appartiennent à l'horticulture plutôt qu'à l'agriculture ; 2° ceux qui exigent la force de l'homme et des animaux. Ces instruments sont la charrue, le rite, la herse, l'extirpateur, le scarificateur, la houe à cheval, le buttoir, le rouleau, le semoir, etc.

DE LA CHARRUE.

L'instrument le plus utile pour a culture des terres, c'est la charrue, qui a remplacé la bêche dont le travail cependant est supérieur ; mais trop long et trop dispendieux pour la grande culture.

Il y a trois espèces de charrues : l'une à avant-train, c'est-à-dire à roues ; elle n'est pas connue en Roussillon ; l'autre, la charrue sans avant-train ou araire, et une troisième appelée vigneronne (forcat), qui est employée à la culture de la vigne.

La charrue sert à couper, diviser, retourner et ameublir la terre ; elle se compose du coutre (coutell), du soc (rella), du versoir (mousse), du cep, de l'age et du mancheron. Le coutre ou couteau est attaché à l'age ou flèche de la charrue (asta), il est placé en avant du soc ; il tranche tout droit la portion de terre que retourne le versoir.

Le soc est une des parties les plus essentielles de la charrue : il coupe la terre horizontalement et la conduit au versoir. La partie du soc qui coupe se nomme aile. Les socs doivent être en fer trempé ou acéré.

Le versoir ou oreille sert à soulever la terre qui est coupée verticalement par le coutre et horizontalement par le soc ; la terre étant soulevée, il la retourne de côté dans la raie qui a été précédemment ouverte. Le versoir est en fonte dans les charrues perfectionnées ; il est en bois simplement ou recouvert de plaques de tôle forte lorsqu'il s'agit de labourer des terres argileuses qui glissent au lieu de s'attacher au versoir.

Le cep est cette partie à laquelle est attachée le soc et qui supporte les différentes pièces de la charrue. Il doit glisser légèrement au fond du sillon, et comme le frotement auquel il est soumis est considérable, il doit être garni de bandes de fer.

L'age ou flèche est le bois proprement dit de la charrue auquel on place, à la partie d'en bas, les instruments de travail, et à la partie supérieure les chevaux ou les bœufs.

Le mancheron ou manche est la poignée dont le laboureur se sert pour diriger la charrue. Il porte le nom de *cou de cygne* dans les nouvelles charrues.

La charrue étant l'instrument le plus essentiel pour la culture des terres, il est de l'intérêt de l'agriculteur de choisir celle qui est le plus convenable à tel terrain ; celle qui exige moins de tirage ; celle qui est propre à toutes les profondeurs ; celle qui arrache bien la terre et la retourne parfaitement.

La charrue Dombasle, sans avant-train, la charrue Roussel, de Toulouse, et la charrue Llanta, perfectionnée.

La rile est encore une charrue ; elle est sans versoir. Une lame de fer placée horizontalement, et qui est la continuation du soc, forme cet instrument. La rile s'emploie à la place de la herse pour enterrer les semences sur les terrains humides surtout : elle pénètre à une profondeur de 6 à 8 centimètres, coupant les herbes qui se trouvent à la surface du sol ; elle peut donc être employée dans les luzernières pour faire le travail qu'on appelle dans le pays *enrister*.

QUESTIONNAIRE.

De combien d'espèces sont les instruments aratoires ? — Quels sont-ils ? — Quel est l'instrument le plus utile pour la culture des terres ? — Combien d'espèces de charrues y a-t-il ? — A quels travaux emploie-t-on la charrue ? — De quoi se compose-t-elle ?

— Qu'est-ce que le soc ? A quoi sert-il ? De quelle matière doit-il être composé ? — A quoi sert le versoir ou oreille ? De quelles matières est-il formé ? — Qu'est-ce que le cep ? — Comment fonctionne-t-il et de quoi doit-il être garni ? — Qu'est-ce que l'age ? — Qu'est-ce que le mancheron ? — Que doit rechercher l'agriculteur dans le choix d'une charrue ? — Quelles sont les charrues qui paraissent réunir les meilleures conditions ? — Qu'est-ce que la rite ? Comment-est-elle formée ? Quel instrument peut-elle remplacer et pour quel travail faut-il l'employer ?

SUITE DES INSTRUMENTS ARATOIRES.

La *herse* est formée d'un châssis en bois, armé de dents de fer ou de bois. Cet instrument doit être assez lourd pour qu'il produise un bon résultat, surtout dans les terres fortes. Les dents doivent en être assez épaisses et inclinées en avant. On se sert de la herse pour diviser les mottes, pour enterrer les semailles, pour enlever les mousses des prairies et favoriser la croissance des plantes fourragères.

L'*extirpateur* et le *scarificateur* sont des instruments indispensables dans les grands domaines ; ils sont très-peu employés en Roussillon. L'extirpateur est en forme de châssis, muni de pieds très-forts, terminés par des socs sans versoir. Il entre profondément et ameublit très-bien le sol dont il coupe les mauvaises herbes et les racines.

Le scarificateur est aussi en forme de cadre ; il a des dents comme celles de la herse recourbées et qui sont propres à effectuer un travail plus profond et plus puissant que l'extirpateur. Il arrache très bien les terres durcies par le soleil et les vents.

Ces deux instruments brisent et mélangent bien les terres qui, après une récolte de plantes sarclées, se trouvent suffisamment préparées pour recevoir du blé.

La *houe à cheval* est une espèce de charrue, petite, traînée par un cheval qui marche entre les lignes. Elle est composée d'un cadre ou sont attachées plusieurs coutres en forme de fer de lance. Elle sert à la destruction des mauvaises herbes entre les lignes des pommes de terre, des haricots, des maïs, etc. Elle abrége le temps et économise l'argent.

Le buttoir est une charrue à deux versoirs qui sert, non-seulement à tracer les raies d'écoulement; mais encore à butter, c'est-à-dire à chausser les pommes de terre, le maïs, les betteraves et d'autres plantes qui exigent le buttage.

Le rouleau, qui est ordinairement en bois, est employé à briser les mottes qui ont résisté à l'action de la herse ; il répercute l'humidité en raffermissant le sol des terrains légers. On le passe aussi sur les blés après les gelées qui ont soulevé la terre. Il faut attendre que la terre ne soit pas trop humide.

Le semoir rend de grands services en économisant la moitié de la semence qui est également répandue sur la terre. Il n'est peut-être pas usité dans le pays.

Dans une grande exploitation, indépendamment des instruments de travail, des charrettes, tombereaux, etc., il est nécessaire d'avoir un coupe-racines, un hache-paille, un grand van ou tarare, des râteaux, des brouettes, des fourches en fer et en bois, des rouleaux en pierre ou en bois dur pour dépiquer les grains, etc.

QUESTIONNAIRE.

Comment est formé l'instrument qu'on appelle la herse ? — A quoi sert cet instrument ? — L'extirpateur et le scarificateur sont-ils indispensables dans les grands domaines ? — Quelle est la forme de l'extirpateur ? — Quels sont les services qu'il rend ? — Comment est formé le scarificateur ? — Comment fonctionne-t-il ? — Qu'est-ce que la houe à cheval ? — Comment est-elle composée ? — Qu'est-ce que le buttoir ? — A quoi sert-il ? — Le rouleau, à quoi est-il employé ? — Quels services rend le semoir ? — Quels sont les autres instruments qui sont nécessaires à une grande exploitation ? —

CHAPITRE VIII.

DES LABOURS ET DES DIVERSES AUTRES FAÇONS A DONNER AUX TERRES.

Les labours ont pour but : 1° de retourner et de diviser la surface du sol, afin de le soumettre aux influences atmosphériques ; 2° d'en extirper et détruire les mauvaises herbes ; 3° de favoriser le développement des graines ; 4° d'enterrer convenablement les fumiers et les semences.

Le travail du labourage n'est bien fait que lorsque les sillons ou raies sont réguliers ; c'est-à-dire lorsque la tranche est droite, bien égale partout, et lorsque la terre en est bien retournée.

Les labours bien exécutés ne sont pas suffisants pour la réussite des grains qui auront été semés. Il faut les effectuer en saison convenable ; c'est-à-dire ne pas labourer lorsque la terre est trop humide ni trop sèche, la terre ne se divisant pas bien alors. Un travail fait à contre-temps est plutôt nuisible qu'utile. Le moment le plus favorable pour les bons labours est celui où le sol est suffisamment sec, friable et propre à se diviser.

On distingue plusieurs espèces de labours qui sont : les labours préparatoires, de défoncement et ceux des semailles. La différence à faire entre ces labours consiste dans la profondeur qui est indéterminée, parce que la couche de terre arable n'est pas la même dans tous les terrains. Les labours profonds sont ceux qui produisent les meilleurs résultats, si surtout ils sont effectués sur un sol d'une couche épaisse de terre végétale. Mais il faut avoir soin de ne pas ramener de la terre du sous-sol, parce qu'elle nuirait aux récoltes. Les labours profonds sont avantageux lorsqu'on doit y cultiver des plantes à longues racines. Ils ont la faculté de conserver l'humidité dans la terre. Cependant si le sol est léger à la surface, et que le sous-sol soit compacte et argileux, il est bon d'amener un peu de cette terre pour la mélanger avec le sol léger qui se trouve ainsi singulièrement amélioré. Les labours pour les semailles s'effectuent plus légèrement.

Un labour de trente-cinq à quarante centimètres peut être regardé comme un labour profond. On donne aux labours ordinaires de vingt à vingt-cinq centimètres de profondeur.

Le déchaumage qui est un labour superficiel fait après l'enlèvement du blé, n'est guère usité dans le pays; il est cependant d'une grande utilité, parce qu'il a pour but de détruire les mauvaises herbes, les chiendents surtout. Ce travail à tout bien considérer est infiniment plus avantageux que la mesquine nourriture que ces herbes procurent aux bêtes à laine qui parcourent les chaumes.

Les labourages des terres à blé sont généralement de cinq; ils se pratiquent ainsi : premier travail, (en catalan *esperchendrer*), à partir des premiers de janvier jusqu'à la fin de février; deuxième, *(tornar à lloc)*, derniers jours d'avril; troisième, *(tersar)*, en juillet; quatrième, *(quartar)*, en août; cinquième et dernier, c'est le labour des semailles.

Pour les récoltes d'été, on fait un premier labour dans les premiers jours de mars, et un second pour semer, dans la première quinzaine d'avril.

Chaque labour doit être suivi d'un hersage énergique, et, s'il n'est pas suffisant pour briser les mottes, il faut employer le rouleau.

Indépendamment des labours à la charrue, il y a d'autres travaux dont les champs ont besoin. Ces labours reçoivent le nom de *façons*; ils se font presque toujours à la bêche; ils ont lieu dans les champs de récoltes sarclées, surtout dans ceux soumis à l'irrigation pour former les rigoles *(curadas)*, propres à l'écoulement des eaux. Il y a encore le binage qui se fait avec un instrument appelé binette *(caradella)*. Il a pour but de détruire les mauvaises herbes qui envahissent les cultures de haricots, de maïs, de pommes de terre, etc., et d'ameublir la terre pour qu'elle absorbe plus facilement l'humidité. Le sarclage qui a lieu dans le mois d'avril, s'effectue soit à la main dans les blés, soit avec la houe à cheval dans les cultures sarclées.

QUESTIONNAIRE.

Quels sont les buts des labours ? — Quand est-ce que le travail du labourage est bien fait ? — Les labours bien faits sont-ils suffisants ? — Quelle est l'époque la plus favorable pour les bons labours ? — Distingue-t-on plusieurs labours ? — En quoi la différence consiste-t-elle dans les labours ? — Les labours profonds sont-ils les meilleurs ? — Si le sol est léger que faut-il faire ? — Quelle doit être la profondeur des labours ? — Le déchaumage est-il usité dans le pays ? — Serait-il utile ? — Quel résultat aurait-il s'il était mis en pratique ? — Les labourages des terres à blé, en quel nombre sont-ils ? — Comment se pratiquent-ils ? — Pour les récoltes d'été combien de labours fait-on ? — Que doit-on faire après chaque labour ? — Indépendamment des labours à la charrue, y a-t-il d'autres travaux à effectuer aux champs.

CHAPITRE IX.

—

DES ENSEMENCEMENTS.

Une des choses les plus importantes, pour le cultivateur, c'est le choix des grains qu'il doit semer, surtout le blé. Il y a telle espèce qui réussit mieux sur un terrain que sur un autre. Il faut, en principe, que le blé soit débarrassé autant que possible de toute graine étrangère, qu'il ait bien mûri sur pied et qu'il n'ait pas subi d'altération dans le grenier.

Une chose à laquelle le cultivateur doit porter son attention, c'est de changer la semence, c'est-à-dire de se procurer de bonnes qualités de blé sur des terres autres que les siennes, et cela doit se faire au moins tous les deux ans. Le blé de la récolte précédente est plus productif que le nouveau. Il est très-avantageux de chauler le blé avant de le semer. Le moyen préservatif à la fois le moins dangereux et le plus efficace contre la carie est celui-ci : Pour un hectolitre de blé, on fait réduire en poudre un litre et demi de chaux, qu'on mêle bien avec un demi-kilogramme de sel ou un kilogramme de cendres de bois ; on jette ces matières dans huit à dix litres d'eau placée dans un récipient quelconque ; on remue bien avec une pelle et on plonge le blé dans cette mixture, on l'étend ensuite, et avant qu'il soit entièrement sec, on le sème.

Il y a deux méthodes pour semer : la première, qui est la plus ancienne, se pratique à la volée et exige une grande habitude dans la main du semeur ; la seconde, qui est d'invention récente, se fait au moyen d'un semoir. Elle est préférable à la première, parce que l'opération se fait mieux et économise la main-d'œuvre et la semence.

Le semeur à la volée doit porter toute son attention à suivre une ligne bien droite, à ne prendre que la largeur de terre convenable, afin de ne pas recouvrir de grain la portion qui a déjà été emblavée, et de ne pas agir en sens contraire. Il doit aussi s'assurer, avant de terminer son travail, si les côtés du champ sont suffisamment garnis, afin d'y répandre du grain dans le cas où les jets n'auraient pas atteint jusque là.

La quantité de blé nécessaire pour ensemencer un hectare est de deux hectolitres. Cette quantité peut varier selon la nature des terres. Celle qui est employée par le semoir est de un hectolitre et demi. On est dans l'habitude de jeter plus de grain dans les terres irrigables que dans celles dites à l'*aspre*. Il est reconnu qu'on devrait employer moins de grain pour semer ; cependant les terres légères en demandent une plus forte quantité.

Aussitôt après qu'un champ a reçu le blé, il faut le couvrir avec la herse. Après le hersage, il est indispensable de briser les mottes qui auraient résisté au coup de la herse et d'établir les raies *(couradas)* pour l'écoulement des eaux de pluie ou la facile circulation de celles destinées à l'irrigation. A la place de la herse, il y a des cultivateurs qui se servent d'un fort plateau. Cette méthode est mauvaise.

Il est très-avantageux, après les gelées, de passer le rouleau sur les blés et notamment sur ceux des terres légères. Ce rouleau presse la terre, ce qui fait prendre du pied au blé qui a été soulevé par les gelées, et le fait taller.

Il vaut mieux semer plus tôt que plus tard, et s'arrêter lorsque le vent est trop violent. On n'a pas l'habitude dans la plaine du Roussillon, de semer du blé de mars.

QUESTIONNAIRE.

Quelle est la chose la plus importante dans les ensemencements ? — Quelle est encore la chose à laquelle le cultivateur doit porter son attention ? — Pourquoi le blé de la récolte précédente est-il meilleur que le nouveau ? — Est-il avantageux de chauler le blé avant de le semer ? — Quelle préparation doit-on faire subir à la semence avant de la confier à la terre? — Combien y a-t-il de manières de semer ?— A quoi doit porter toute son attention le semeur ? — Quelle est la quantité de blé nécessaire pour ensemencer un hectare ? — Quelle opération faut-il faire tout de suite après les semailles ? — Que faut-il faire sur les blés après les gelées. — Quand est-ce qu'il faut semer ?

CHAPITRE X.

MOISSON DU BLÉ, BATTAGE ET CONSERVATION DU GRAIN.

Les céréales (1) qui sont les premières moissonnées sont le seigle et l'orge. Cette récolte est en tout semblable à celle du blé. On a l'habitude, en général, dans le pays, de laisser trop mûrir le blé; il n'y a que celui qu'on destine aux semailles qui doit être parfait dans sa maturité. Il est bien prouvé que le blé moissonné un peu vert et qui a mûri en tas donne une farine plus blanche et moins chargée de son.

_____

(1) Ce mot vient de *Cérès*, déesse de la fable, qui présidait à l'agriculture et aux moissons.

En principe, on reconnaîtra que le blé doit être récolté lorsque le tuyau ou tige est sec depuis la racine jusqu'au-dessous de l'épi. Cet épi alors ne peut plus recevoir le moindre secours des autres parties de la plante. On fera donc très-bien de le moissonner. Une fois abattu, il n'a à craindre ni la violence du vent qui en fait tomber les grains, ni les coups de soleil qui souvent le font avorter.

On se sert pour moissonner le blé de la faucille et de la faux. L'opération faite avec la faucille est plus facile, mais elle est moins expéditive que celle faite avec la faux. On emploie pour le fauchage la faux à râteau ou la faux munie d'un treillage en bois. La sape, qui est une espèce de *podall*, n'est guère employée, parce que les ouvriers ne savent pas s'en servir. Entre les mains des moissonneurs flamands, elle rend de très-bons services. La faux et la sape coupent le blé plus près de terre ; avantage bien grand puisqu'il laisse moins de paille au sol.

A mesure que le blé est coupé, il faut le mettre en javelles, en ayant soin d'égaliser les épis ; aussitôt après, il faut en former des moyettes ou petites meules qui se composent ordinairement de dix javelles ; on met les épis dans l'intérieur. Lorsque les moyettes sont élevées, on en couvre le dessus de javelles ouvertes, les épis étant dirigés vers le sol ; s'il vient à pleuvoir l'eau ne pénètrera pas dans l'intérieur.

C'est une mauvaise méthode que de laisser trop longtemps les gerbes dans les champs. Il faut les enlever et les transporter à l'aire avant qu'elles soient entièrement desséchées pour qu'elles s'égrainent le moins possible. Il faut aussi ne pas trop les secouer lorsqu'on les place sur les charrettes ; sans ce soin beaucoup de grain se perd.

QUESTIONNAIRE.

Quelles sont les céréales qu'on moissonne les premières ? — Quelles observations y a-t-il à faire sur la maturité du blé ? — De quels instruments se sert-on pour couper les blés ? — Quel est le résultat du travail fait par ces instruments ? — Lorsque le blé est successivement moissonné, que faut-il faire ? — Faut-il laisser longtemps les gerbes dans les champs ? — Quels soins faut-il avoir en les chargeant sur les charrettes ?

Le battage des grains se fait avec des rouleaux en pierre ou en bois de chêne, avec des chevaux et avec des fléaux.

Avant de procéder au battage, il faut avoir préparé d'avance le sol ou aire destiné à recevoir le produit de la moisson. Ce sol doit être bien battu, sans pierres. Une fois l'aire faite, on devrait la laisser toujours exister; elle n'en serait que meilleure.

Le battage au rouleau, s'il n'est pas plus économique que celui obtenu par les pieds des chevaux, a l'avantage de bien écraser la paille et de présenter moins de saletés dans le grain.

Le battage au fléau n'a lieu que pour de petites quantités et d'autres grains que le blé. Ce travail est long; le grain, il est vrai, est plus net; mais les coups incessants qu'il reçoit l'échauffent quelquefois, alors surtout que l'épi n'est pas assez sec.

La batteuse, instrument mis en usage depuis peu d'années, rend de bons services dans les fermes où il y a de grandes quantités de grains à dépiquer. Le dépiquage et le vanage se font en même temps, et ces deux opérations s'effectuent rapidement.

Lorsque l'on s'est assuré que le battage a été bien fait, on commence par mettre de côté, avec des fourches, toute la paille et puis on soumet le grain à l'action du vent. Ce travail s'exécute en l'enlevant avec des pelles afin que les balles en soient séparées et rejetées loin. Dans les métairies bien montées, on a de grands cribles ou mieux des tarares qui nettoient très-bien le grain, qui, après cette opération, est transporté dans le grenier.

Avant d'entrer le blé et les autres grains, il faut faire balayer avec soin les murs et les planchers des endroits où ces grains doivent être déposés, et boucher les trous des souris.

Lorsque les blés sont déposés dans les greniers, il ne faut pas négliger d'en tenir les fenêtres ouvertes plusieurs heures dans la journée et d'empêcher le soleil d'y pénétrer. Il sera bon de ne pas trop entasser les grains, parce qu'ils pourraient s'échauffer, si surtout ils avaient été entrés par un temps humide. A l'époque des fortes chaleurs, il est important de les remuer à la pelle; c'est ce qu'on appelle travailler les blés.

Si les charançons, les calandres, les cadelles, les teignes venaient à attaquer les blés, il faudrait les bien remuer, les jeter rudement contre le mur avec des pelles et couvrir les tas avec des branches de sureau ou d'hièble (en catalan, *ebol*). L'odeur forte de ces plantes les écarte. Un autre moyen très-bon pour se débarrasser de ces insectes malfaisants, c'est de jeter le blé successivement par petites parties par les fenêtres et de le recevoir en bas sur de grandes toiles. Tous les insectes s'en séparent et sont dévorés par les volailles et les moineaux. Il faut faire cette opération par un vent du N.-O. *(tramontane)* pas trop fort.

QUESTIONNAIRE.

Comment se fait le battage du blé? — Avant de battre le blé que faut-il faire? — Quel est l'avantage du battage au rouleau? — Quand est-ce que le battage au fléau a lieu? — Que produit-il? — Qu'est-ce que la batteuse? — Quels services rend-elle? — Lorsqu'on s'est assuré que le battage a été bien fait, que faut-il faire? — Avant d'entrer les grains, quels soins exigent les greniers? — Lorsque les grains sont déposés aux greniers, quels soins faut-il en avoir? — Si les insectes venaient à attaquer le blé, que faudrait-il faire? — N'y a-t-il pas une autre méthode?

CHAPITRE XI.

DES AUTRES CÉRÉALES. — DU SEIGLE.

Le seigle exige moins d'engrais que le blé et donne assez souvent autant de grain. Il réussit bien dans nos montagnes, notamment en Cerdagne. Comme il a besoin d'acquérir de la vigueur pour bien supporter les froids de l'hiver, il doit être semé plus tôt que le blé. Cette céréale réussit sur toutes les terres; mais elle produit peu dans les terrains froids et humides : elle se plaît dans les terres argilo-sableuses, et dans celles dont la légèreté ne permet pas d'y semer du blé. On le confie à la terre en automne. Il faut deux hectolitres par hectare.

La culture du seigle est la même que celle du froment.

On cultive plusieurs espèces de seigle ; mais celles qui le sont le plus usuellement sont le seigle commun, le seigle de mars et le seigle multicaule ou de la Saint-Jean. Le seigle commun est l'espèce qui est le plus communément cultivée ; celui de mars l'est bien peu, parce qu'il produit plus de paille que de grain ; le seigle multicaule, qui porte ce nom parce qu'il talle considérablement, est trop peu connu dans le pays ; il serait cependant bien avantageux de le faire entrer dans la culture roussillonnaise. Il se sème dans le courant de juin, à raison d'un hectolitre par hectare ; il doit être semé un peu clair à cause de la multitude de jets qu'il produit. Il peut être fauché deux fois avant de monter en épis.

On sème du seigle épais soit seul, soit mélangé avec des vesces pour avoir du fourrage vert, en attendant la venue de celui des prairies.

C'est bien mal à propos qu'on sème le seigle avec le blé pour avoir ce qu'on appelle du méteil, parce que le seigle mûrit bien plus tôt son grain que le blé, et que lorsqu'on moissonne on en perd beaucoup. Mieux vaut composer le méteil en mêlant deux tiers de blé avec un tiers de seigle ou trois quarts de blé avec un quart de seigle.

Le seigle est sujet à une maladie appelée *ergot* qui l'attaque fréquemment dans les terrains humides et compactes. Le grain grossit et s'allonge beaucoup ; il a la forme d'un ergot de coq. Ce grain difforme est un véritable poison : il faut porter la plus grande attention à le séparer du bon grain.

QUESTIONNAIRE.

Le seigle exige-t-il beaucoup d'engrais ? — Réussit-il dans nos montagnes ? — Quand est-ce qu'il faut le semer, et en quelle quantité ? — Cultive-t-on plusieurs espèces de seigle ? — Réussit-il dans toutes les terres ? — Pourquoi sème-t-on du seigle avec d'autres grains ? — Est-ce bien fait de semer du seigle avec du blé pour avoir ce qu'on appelle du méteil ? — Le seigle est-il sujet à une maladie ? — Comment l'appelle-t-on ? — Qu'est-ce que c'est que ce grain ? —

DE L'ORGE.

On ne cultive guère dans le pays que l'escourgeon qui est l'orge d'hiver et l'orge du printemps. Une de ces dernières espèces, l'orge *Nampto* qui vient d'Asie, devrait être importé dans la culture roussillonnaise, à cause des qualités supérieures qu'elle réunit et qui la rendent recommandable.

L'orge demande un terrain meuble, frais et suffisamment fumé d'avance. Si elle est semée après une récolte sarclée, c'est assez d'un seul labour. On peut la semer sans crainte dans une terre qui a rapporté du blé.

L'orge est semée en Roussillon plutôt pour fournir une nourriture tendre aux agneaux et aux brebis qui viennent de mettre bas, que pour le grain dont on fait dans le Nord une grande consommation pour la fabrication de la bière.

On sème l'orge d'hiver dans les derniers jours de septembre, à raison de 2 hectolitres par hectare. L'orge de printemps se sème après avoir fait subir à la terre deux ou trois labours à l'extirpateur. Le grain doit être enterré à 10 ou 12 centimètres dans les sols légers, et à une profondeur moindre dans les autres ; il faut par hectare de 250 à 300 litres.

On doit moissonner l'orge avant sa complète maturité, parce que si elle était trop sèche elle s'égrainerait et ses tiges se briseraient facilement. Il faut ne pas la laisser exposée à la pluie, le grain germerait promptement.

QUESTIONNAIRE.

Quelles sont les espèces d'orge qui sont cultivées en Roussillon ? — Quel terrain demande l'orge ? — Est-ce précisément pour le grain que l'orge est cultivée dans le pays ? — A quelle époque sème-t-on l'orge ? — Quelle quantité faut-il de ce grain pour ensemencer un hectare ? — Quand est-ce qu'on moissonne l'orge ?

DE L'AVOINE.

Toutes les terres sont bonnes pour la culture de l'avoine, qui de toutes les céréales est la moins exigeante. On sème l'avoine dans les terres qui ont produit du blé l'année précédente, sans qu'il en résulte aucun inconvénient ; on la sème aussi dans celles de médiocre qualité où le blé ne vient pas très-bien. Il y a avantage à la semer après une récolte sarclée, du trèfle et de la luzerne. Elle s'accomode très-bien de la couche inférieure qu'on ramène à la surface, en enfonçant la charrue dans le sous-sol.

Après que les bêtes à laine ont mangé les herbes des chaumes, on laboure les champs de ces chaumes vers la fin de décembre. Un seul labour est suffisant, et l'on sème en février ou en mars à raison de deux hectolitres et demi par hectare.

On ne doit point semer l'avoine après une autre céréale ; elle ne réussirait pas, tandis qu'elle donne de bons produits dans des terrains nouvellement défrichés.

On distingue plusieurs espèces d'avoines, telles que l'avoine d'hiver, l'avoine noire de Brie, l'avoine noire et blanche de Hongrie, l'avoine de Géorgie, l'avoine de Sibérie. Ces espèces sont recommandables par leur précocité et leurs qualités ; mais celle qui est le plus généralement cultivée, c'est l'avoine noire de printemps ; c'est celle aussi qui est la plus productive.

Lorsque l'avoine est mûre, il faut la faucher à plat comme on fauche les prairies et la laisser en javelles huit ou dix jours avant de la battre. Le jour qu'on doit la porter à l'aire, il faut la retourner le matin avant que le soleil l'ait réchauffée ; sans cette précaution elle s'égraine en la retournant et on perd par conséquent beaucoup de grain. L'avoine, comme le blé, doit être sarclée.

QUESTIONNAIRE.

Toutes les terres sont-elles bonnes pour la culture de l'avoine ? — La sème-t-on dans les terres qui ont produit du blé ? — Vient-elle bien dans les terres médiocres ? — Dans quelles terres y a-t-il avantage de la semer ? — La couche inférieure du sol

qu'on a ramenée à la surface lui convient-elle ? — A quelle
époque, et en quelle quantité sème-t-on l'avoine ? — Combien de
variétés d'avoine distingue-t-on ? — Que doit-on faire lorsque
l'avoine est mûre ? — Lorsqu'on doit la rentrer ? — Doit-elle
être sarclée ? —

MILLET.

Le millet ou mil ne réussit bien que dans les pays chauds. Il
demande un terrain riche et bien meuble. On le sème en juin et
juillet, et, si l'humidité naturelle du sol ou les irrigations ne lui
manquent pas, son produit est considérable. Il faut avoir soin de
le semer dans des terres nettoyées de toutes plantes étrangères. Le
millet épuise beaucoup le sol sur lequel on doit se garder de
semer du blé l'année suivante. Il est mûr à la fin d'août ou à la
fin de septembre. On le fauche comme l'avoine ; on ne doit pas
attendre qu'il soit trop mûr. On remarque assez communément
parmi le millet, une autre espèce qui est le panis ou millet à
chandelle. Le grain de millet n'est bon que pour engraisser la
volaille. Cependant, dans des années de disette, on en mêle la
farine avec celle du blé et il en résulte du pain assez bon. La
paille du millet est bonne pour la nourriture des mulets et surtout des vaches.

QUESTIONNAIRE.

Le millet réussit-il partout ? — Quel terrain lui convient-il ?
— A quelle époque le sème-t-on ? — Produit-il beaucoup ? —
Épuise-t-il le sol ? — Quels soins doit-on avoir avant de le
semer ? — A quelle époque est-il mûr ? — Comment le fauche-t-
on ? — Quelle autre espèce remarque-t-on parmi le millet ? —
A quoi sert le grain du millet ? — Ne peut-on pas en faire du
pain ? — A quoi sert la paille du millet ? —

DU MAÏS.

Le maïs est improprement appelé blé de Turquie. Il est originaire d'Amérique. Comme la pomme de terre, il est d'un grand secours aux populations pauvres de la campagne ; il est d'une grande utilité pour la nourriture des bestiaux, l'engraissement des porcs et de la volaille.

On connait plusieurs variétés de maïs ; mais celles qui sont ordinairement employées en agriculture sont au nombre de trois, qui sont le jaune, le blanc et le rouge. La première est celle qui est le plus appréciée, parce qu'elle donne de meilleurs produits. Le jaune est une sous-variété dont l'épi et le grain sont plus petits que ceux de son congénère. Il porte dans le pays le nom de *très meso*. Cette belle graminée s'hybride facilement et est sujette au charbon qui attaque les cabosses ou épis.

Cette plante est très-épuisante et a besoin d'une terre bien travaillée et convenablement fumée. Les terrains naturellement humides ou qui peuvent être irrigués lui conviennent essentiellement. Il n'est pas lieu de le faire venir souvent sur le même sol ; il ne faut jamais le semer avant ni après une céréale, comme plante épuisante.

Dans les champs qui ont été spécialement destinés à la culture du maïs, trois labours sont indispensables. Le premier s'effectue à la fin de l'automne, le second à la fin de l'hiver, et le troisième au moment même des semailles. Deux labours sont suffisants aux terres qui ont porté du farrouich et d'autres plantes du printemps.

Le maïs est ordinairement semé à la fin d'avril et dans les premiers jours de mai. Dans les chaumes du *riberal*, où on ne craint pas de le faire succéder au blé, la semaille de ce grain a lieu tout de suite après la moisson et l'enlèvement des gerbes. On sème le maïs ordinairement en ligne, quelquefois à la volée, et de cette manière, surtout dru, lorsqu'il doit servir comme fourrage vert. On emploie alors deux hectolitres de grain par hectare. Ce fourrage qui est une excellente nourriture pour les chevaux et les bêtes à corne, va jusqu'aux premiers froids de novembre.

On butte le maïs, lorsqu'il a atteint de cinquante à soixante centimètres, au moyen de la charrue à deux oreilles ou de la bêche. Il ne faut pas craindre de butter trop haut. Avant de procéder à ce travail, on enlèvera les jets qui sortent du bas ou des côtés de la tige principale. Ces jets sont un très-bon fourrage pour les bestiaux.

Il faut éciner les tiges aussitôt que la fécondation a été accomplie, ce qui a lieu au bout de trois semaines ; alors la fleur mâle qui est à la cime est sèche, et la fleur femelle, chevelu adhérent à l'épi, est noire et à peu près flétrie. On coupe la fleur qui est en tête, contre la feuille qui est près de l'épi. On donne ces ôtétages verts ou secs aux bestiaux : rien ne doit se perdre en agriculture.

Lorsque le maïs est récolté dans les grandes cultures, on le porte dans de vastes greniers où on l'étend largement pour le laisser complétement sécher, et lorsqu'il est dans cet état, on arrache les spathes ou enveloppes des épis, et dans la petite culture, aussitôt après la rentrée, on dépouille les épis et on les attache deux à deux avec une ou deux spathes ; on les place ensuite sur des perches. Lorsque l'époque est venue, on procède à l'égrainage des épis en les passant sur un morceau de fer. Depuis quelque temps on égraine le maïs avec une machine qui porte communément le nom de *four*. Ce moyen est économique et expéditif.

QUESTIONNAIRE.

De quelle partie du monde nous vient le maïs ? — Combien de variétés a-t-il ? — Quels services rend-il ? — Quelles sont les terres qui conviennent au maïs ? — Quels sont les travaux dont les terres à maïs ont besoin ? — A quelle époque sème-t-on le maïs ? — Comment le sème-t-on ? — Quand est ce qu'on butte le maïs ? — Faut-il le butter haut ? — Que faut-il faire avant ce travail ? — Quelle opération faut-il faire subir au maïs aussitôt que la fécondation a eu lieu ? — Lorsque le maïs est récolté, que fait-on ? —

DU SARRASIN OU BLÉ NOIR.

Le sarrasin, originaire de l'Afrique, est une plante qui n'appartient pas à la famille des céréales : cependant il doit venir à leur suite, parce que le grain qu'il produit sert dans plusieurs pays et dans beaucoup d'endroits de nos montagnes à faire du pain. Le grain de cette plante est très-profitable aux porcs et à la volaille. Unie à l'avoine par portions égales, elle entretient en chair ferme les chevaux, les mulets et les bœufs qui travaillent. Cette plante est précieuse comme engrais vert, parce qu'elle contient une quantité considérable de potasse. La paille qui en provient ne peut être employée que comme litière ; elle donne un très-bon fumier.

Le sarrasin, dans notre plaine, peut être semé après le blé. Aussitôt que les gerbes ont été enlevées, il faut donner un labour de quatre à cinq centimètres de profondeur et de quinze de superficie. On passe la herse ; on donne un deuxième labour de vingt-sept centimètres de profondeur et de douze de superficie ; on passe la herse à l'envers comme pour le blé, et puis on sème, on herse et on roule. Le sarrasin est mûr à la fin de septembre. Il ne veut pas être semé épais. Il faut quarante à cinquante litres par hectare si on veut en récolter le grain, la plante devenant assez large et fournie. Si on veut la récolter en vert ou l'enfouir comme engrais, il en faut un hectolitre. Si on ne fauche pas le sarrasin trop bas, il pousse de nouvelles tiges qui fournissent du fourrage assez bon.

Les abeilles recherchent la fleur du sarrasin. Ainsi ceux qui ont des ruches feraient très-bien de semer de ce grain dans leur voisinage.

Le sarrasin n'est pas apprécié par les agriculteurs de la Salanca et du Ribéral. S'ils semaient de ce grain, comme récolte dérobée sur quelques parties de leurs éteules, après la moisson du blé, ils se procureraient une grande ressource pour l'alimentation de leurs bestiaux.

QUESTIONNAIRE.

Le sarrasin est-il une graminée ? — A quels animaux la graine du sarrasin est-elle profitable ? — Le sarrasin est-il bon comme engrais vert ? — A quelle époque doit-on semer le sarrasin ? — Comment prépare-t-on la terre pour le sarrasin ? — A quelle époque est-il mûr ? — Quelle quantité de semence faut-il pour un hectare de terre ? — La fleur du sarrasin est-elle recherchée par les abeilles ? — Serait-il avantageux de cultiver le sarrasin dans la salanca et au riberal ? — Pourquoi ?

CHAPITRE XII.

DES PLANTES SARCLÉES.

On donne en agriculture le nom de cultures sarclées à celles qui sont faites en lignes distancées sur le sol et qui peuvent être travaillées à la bêche. Les binages qui en résultent permettent de sarcler et de détruire par conséquent les mauvaises herbes. Les terres sur lesquelles ont été faites des cultures sarclées sont celles qui conviennent le mieux pour recevoir du blé, parce qu'elles ont été très-bien préparées soit par les diverses façons qu'elles ont reçues, soit par la division opérée par la profondeur des racines qui pivotent dans le sol, soit encore et bien mieux par la destruction des plantes nuisibles. Il est constaté que les plantes qui constituent en général les récoltes sarclées sont épuisantes.

Les principales plantes qui entrent dans cette culture sont : la pomme de terre, le topinambour, la betterave, la carotte, les navets de toute nature.

DE LA POMME DE TERRE.

Une terre constamment humide ne convient point à la pomme de terre ; elle réussit bien sur un sol plutôt sableux qu'argileux et tenace. On fait subir à la terre pour la disposer à recevoir la semence trois labours, et de la même manière que pour le blé. Le fumier long et peu fait est celui dont s'accommode le mieux ce tubercule. Dans la plaine du Roussillon, on fume trop la terre et on emploie toujours du fumier trop fort, surtout dans la petite culture où on l'entasse au bas des billons pour y déposer ensuite les tubercules ; cette méthode n'est pas bonne.

L'agriculteur roussillonnais ferait très-bien de mettre en pratique les procédés de culture qui sont usités dans l'intérieur. Voici ce que l'on fait dans les pays où la pomme de terre est cultivée en grand. Lorsque la pomme de terre a atteint 9 à 12 centimètres de hauteur, on passe la herse deux fois sur la longueur des raies ; ce travail se fait toujours par un temps beau et sec ; il a pour but de détruire les mauvaises herbes que la herse déracine, et ne peut s'effectuer que sur des terrains qui ne sont pas formés en billons.

Lorsque les jeunes plantes ont atteint 20 ou 25 centimètres, on les butte avec la charrue ou houe a cheval ; dans la petite culture, on emploie pour ce travail la houe à main ou bêche.

Lorsque le fumier a été enterré avec la charrue, ce qui nécessite un quatrième labour, on enterre en même temps les tubercules qui sont à 12 centimètres dans la raie, à 33 d'écartement sur la longueur et à 45 sur la largeur (il faut qu'un cheval puisse passer entre les deux rangs). Un seul cheval suffit pour faire ce travail.

La pomme de terre se reproduit par des tubercules ; cet usage est le plus communément pratiqué ; par les stolons ou jets que la pomme de terre produit d'elle-même sans être enterrée ; par la peau, pourvu que les yeux non endommagés y soient adhérents, et par le semis des graines que l'on place dans du bon terreau. C'est le véritable moyen d'obtenir de nouvelles et bonnes variétés.

Lorsque les plantes sont en pleine fleuraison, il faut en supprimer les fleurs avant qu'elles se mettent en graine. Par cette suppression, on fait descendre la sève qui, se portant aux tubercules, les fait devenir plus gros.

Si les pommes de terre sont dans des champs à l'arrosage, il faut leur donner la dernière irrigation après la fleuraison ; les arroser plus tard serait une chose mauvaise et nuisible à la conservation des tubercules qui n'ont pas besoin d'eau pour finir de se former.

On arrache la pomme de terre lorsque les feuilles sont bien fanées, en choisissant autant que possible un temps sec. Cette opération se fait avec la charrue sans versoir, et l'on arrache un peu profondément. Un coup de herse, passé sur la terre après que les pommes de terre ont été toutes enlevées, en ramène encore à la surface une quantité qu'il est utile de faire ramasser.

Avant de rentrer les pommes de terre, il faut les laisser ressuyer sur le sol et les tracasser le moins possible, afin de ne pas les meurtrir, ce qui les porterait à se gâter.

On met les pommes de terre dans la cave, ayant soin de leur faire un lit de paille sèche et de tenir ouverts les soupiraux ou les fenêtres dans les premiers jours, afin de laisser évaporer l'eau de végétation dont elles suintent assez longtemps. Mais la meilleure méthode de conservation, c'est de placer les pommes de terre dans des silos de 1 mètre 25 à 1 mètre 50 ou 60 de profondeur, dont le sol et les parois seront tapissés de paille longue, (celle de seigle est la meilleure) et dont l'orifice sera couvert aussi de paille en forme de meule, afin que l'eau ne pénètre pas dans l'intérieur.

Un moyen propre à prévenir la maladie dont les pommes de terre sont souvent attaquées, c'est d'en passer les tubercules dans l'eau de chaux vive ou de sulfate de fer (couperose). Il faut les laisser au moins 24 heures dans cette préparation. Et puis, une chose des plus importantes, c'est de ne pas faire revenir trop souvent la pomme de terre sur le même terrain.

Il y a un grand nombre de variétés de pommes de terre : les unes sont précoces, les autres tardives. Dans le pays, on ne cultive que la grosse jaune, qui est très-bonne ; la violette qui, quoique de bonne qualité, se réduit trop facilement en purée ; et la commune, qui parut la première en Roussillon ; cette dernière est très-productive, mais elle se ramifie trop. Il y a quelques personnes qui cultivent pour leurs besoins culinaires la Marjolin ou Quarantaine. Cette pomme de terre est excellente, mais elle rend peu.

La pomme de terre altère le terrain, quoiqu'on soit dans l'habitude de semer du blé après sa récolte. Pour obvier à cet inconvénient, il faut donc labourer la terre qui a produit des pommes de terre, immédiatement après la récolte, assez profondément et bien fumer ensuite.

QUESTIONNAIRE.

Qu'entend-on par plantes ou cultures sarclées ? — Les terres sur lesquelles il y a eu des cultures sarclées conviennent-elles pour recevoir du blé ? — Pourquoi sont-elles propres à recevoir du blé ? — Quelles sont les principales plantes qui entrent dans la culture sarclée ? — Quelles sont les terres qui conviennent à la pomme de terre ? — Quels travaux leur fait-on subir ? — Quel espèce de fumier lui faut-il ? — L'agriculteur roussillonnais ne ferait-il pas bien d'adopter les procédés de culture de la pomme de terre pratiqués dans l'intérieur ? — Quels sont ces procédés ? — Comment plante-t-on la pomme de terre ? — Comment se reproduit-elle ? — Que faut-il faire lorsque les plantes sont en pleine fleuraison ? — Lorsque les pommes de terre sont dans des champs à l'arrosage, que faut-il faire ? — Quand est-ce qu'on arrache les pommes de terre ? — Comment se fait cette opération ? — Où place-t-on les pommes de terre ? — Quelle est la meilleure méthode de conservation ? — Quel est le moyen propre pour prévenir la maladie des pommes de terre ? — Existe-t-il plusieurs variétés de pommes de terre ? — La pomme de terre altère-t-elle le terrain ? — Que faut-il faire pour l'améliorer ?

DU TOPINAMBOUR. (1)

Le topinambour est très-bon pour la nourriture des moutons, des porcs, des bœufs et des vaches dont il augmente le lait. Cuit, il a le goût de l'artichaut et il est bon. Les vaches, les bêtes à laine et les porcs mangent les feuilles vertes, et la volaille est friande de la graine qu'il produit. Les tiges, lorsqu'elles sont sèches, sont utilisées pour le chauffage des fours.

Il serait très-avantageux aux agriculteurs de la plaine de cultiver le topinambour. Ils se créeraient, surtout ceux qui ont des

---

(1) Ou taupinambour, artichaut de terre, plante vivace originaire du Brésil, à fleur radiée, dont la racine fournit des tubercules comestibles. C'est une espèce de soleil qu'on appelle aussi *poire de terre* et *taratouffe*.

troupeaux, une ressource facile à obtenir et à bien peu de frais. Le topinambour leur serait d'un grand secours et économiserait leurs fourrages lorsque les hivers sont mauvais et pluvieux et que les bêtes ne peuvent pas sortir.

Le topinambour a l'avantage de se conserver longtemps dans la terre pour être arraché à mesure qu'on en a besoin. Aussitôt que les tubercules sont arrachés, on les lave pour les dégager de la terre qui leur est adhérente, on coupe par morceaux les tubercules qui sont trop gros, et on les donne aux bestiaux dans cet état ou mélangés avec de la paille courte.

Ce tubercule n'a pas précisément besoin de culture spéciale comme la pomme de terre. Il suffit de bien défoncer la terre par un bon labour, d'une fumure ordinaire et de jeter les tubercules dans les raies à 50 ou 60 centimètres l'un de l'autre ; on les couvre et on passe le rouleau dessus. Si on le fume tous les trois ou quatre ans, il peut rester dix à douze ans dans le même terrain. Ce qui en reste après l'arrachis suffit pour la récolte de l'année suivante. On peut cultiver le topinambour sur toute espèce de terrains, au bord des ruisseaux, dans les éclaircies des bois le long de la rivière, où il viendra très-bien sans aucun soin ni sans aucun travail.

Dans quelques parties de nos montagnes, on cultive le topinambour dont on mange les tubercules comme les pommes de terre. On a réussi à faire du trois-six avec le topinambour, qui quelquefois produit autant que la pomme de terre.

QUESTIONNAIRE.

Quel parti peut-on tirer du topinambour ? — Serait-il avantageux aux agriculteurs de la plaine de le cultiver ? — Se conserve-t-il longtemps ? — Que fait-on pour les donner aux bestiaux ? — Comment se cultive le topinambour ? — Dans quels terrains peut-on le cultiver ? — Cultive-t-on le topinambour sur nos montagnes ? — Qu'est-ce qu'on a réussi à faire de ses tubercules ?

DE LA BETTERAVE.

Pour la culture de la betterave, la terre doit être préparée de la même manière que pour la pomme de terre. Elle peut se cultiver dans tous les terrains, même les plus tenaces : mais elle s'accommode mieux des sols profonds, un peu frais, riches en humus, et surtout, s'ils sont bien fumés et bien ameublis.

La betterave est semée en avril, en place ou en pépinière pour être repiquée (replantée). Lorsqu'on sème en place, on met deux ou trois graines dans la terre à quatre centimètres de profondeur et à la distance de quarante-cinq à cinquante centimètres les unes des autres. Il faut laisser aux lignes le même écartement que pour les pommes de terre, afin que le sarclage et le buttage par la charrue puissent se faire facilement. Les semis en pépinière s'effectuent de manière que les graines soient suffisamment écartées pour que les jeunes plantes acquièrent assez de force et de racine.

La récolte de la betterave réussit mieux par le semis que par le repiquage.

Le sarclage doit se faire aussitôt que la betterave a poussé ses premières feuilles. On la sarcle encore et on la butte lorsqu'elle commence à prendre du volume.

C'est une très-mauvaise chose que d'arracher les feuilles tant que la betterave n'a pas atteint sa grosseur ; ce qui lui porte un grand dommage, en ce sens qu'elle s'allonge et se durcit aux endroits où les feuilles ont été enlevées. L'effeuillage ne peut avoir lieu que lorsque la betterave a son dernier degré de grosseur et au moment où on doit la récolter. Ce moment se reconnaît à une sorte d'oxydation formée par petits points rouges qui paraissent sur les feuilles.

On met les betteraves dans des caves ou des silos, ayant soin de les couvrir de paille pour les garantir de la gelée. On les met aussi en jauge dans la terre, droites, placées l'une contre l'autre. Elles se conservent assez bien de cette manière dans notre plaine. Il faut bien prendre garde de ne pas les meurtrir en les laissant tomber à terre.

Les principales variétés de la betterave sont : la betterave blanche de Silésie, la betterave champêtre, la betterave rouge ou disette qui est particulièrement cultivée dans les jardins, parce qu'elle est bonne à manger, et la betterave jaune qui est une variété hybridée de la rouge et la blanche. La betterave champêtre est de toutes les espèces celle qui produit le plus et la plus convenable pour les terres fortes.

La betterave est pour les animaux une nourriture substantielle et rafraîchissante ; elle prévient les constipations ; mais si elle est donnée en trop grande quantité aux moutons, elle peut leur occasionner la pourriture.

Dans le Nord de la France, on cultive en grand la betterave pour en extraire du sucre et pour en faire de l'alcool.

QUESTIONNAIRE.

Quelles préparations exige la terre destinée à la culture de la betterave ? — A quelle époque la sème-t-on et de quelle manière ? — Quand est-ce que le sarclage doit avoir lieu ? — Est-ce bien fait d'arracher les feuilles de la betterave ? — Comment reconnaît-on le moment de la récolte ? — Où et comment faut-il les mettre après la récolte ? — Quelles sont les principales variétés de betteraves ? — Quelle est parmi ces variétés, la plus productive ? — Quel est son effet comme aliment pour les animaux ? — Dans quel but, dans le Nord de la France cultive-t-on en grand la betterave ?

DE LA CAROTTE, DU NAVET, DU PANAIS.

La carotte est une plante-racine à laquelle nos agriculteurs ne donnent point d'importance, et cependant ses produits sont très-utiles et très-abondants. Elle leur serait d'un grand secours comme plante fourragère. Coupée en morceaux et mêlée avec de la paille menue, elle forme une excellente nourriture pour tous les animaux, principalement pour les chevaux, qui, avec une ration de carottes, peuvent se passer d'avoine.

Il y a plusieurs espèces de carottes ; les principales sont la carotte jaune, qui a une sous-variété : elle est appelée carotte hollandaise ; elle est en forme de toupie ; elle est précoce et très-bonne, la carotte violette. Ces trois espèces sont cultivées dans les jardins. La carotte blanche des Vosges, la carotte à collet vert, qui s'enfonce profondément dans la terre où elle devient très-grosse et dont le collet sert de terre. Ces deux dernières espèces entrent dans la grande culture. Les feuillages sont encore très-bons pour les bestiaux.

La carotte se sème en mars dans des terres profondément labourées, riches d'engrais ; mais ces engrais doivent être donnés à la terre longtemps avant le semis, autrement elle se bifurquerait. Il ne faut pas négliger de passer le rouleau sur la graine qui doit être légèrement recouverte et clair-semée. La carotte doit être soigneusement sarclée.

Les navets, de même que la carotte, ne sont cultivés dans notre plaine que pour les besoins de l'homme. C'est encore un tort qu'ont nos agriculteurs de ne pas l'introduire dans leurs cultures. En Cerdagne et en Capsir on cultive le navet rond, radiole ou turneps peut-être. Il sert dans ces pays, en hiver, à la nourriture de l'homme et des bestiaux.

Les navets ne doivent pas être cultivés dans une terre forte. Ils se plaisent dans une terre meuble, sablonneuse et humide. Il ne faut jamais les semer dans un terrain nouvellement fumé. Si le fumier n'est pas bien consommé, la racine se bifurque, est attaquée des vers et acquiert un goût beaucoup trop fort.

Le panais *(xiririda, boutairol)*, qui croît spontanément et assez abondamment dans toute notre plaine, surtout dans les endroits frais, est inconnu dans notre pays comme plante fourragère. Il avait été anciennement cultivé par nos jardiniers comme la carotte. Les tiges du panais, ainsi que ses racines, sont une bonne nourriture pour les vaches dont elles augmentent le lait. Les mulets et les ânes les mangent bien.

DES CHOUX.

Les choux ne sont cultivés dans les jardins et dans quelques lopins de terre que pour les besoins de l'homme. Mais dans la Bretagne et dans d'autres pays de l'intérieur, certaines espèces de choux sont cultivées assez en grand pour la nourriture des bêtes bovines, auxquelles, durant l'hiver surtout, ils rendent de bons services en économisant les fourrages. Ces choux sont le chou cavalier, ainsi appelé, parce qu'il devient très-haut ; le chou du Poitou. Lorsque les feuilles sont bien venues, on les enlève sans arracher les plantes qui produisent longtemps. Ces plantes ne sont détruites que lorsqu'elles ont cessé de produire des feuilles. Ce produit est très-abondant.

La culture de ces choux est la même que celle des choux ordinaires. La terre où ils doivent être repiqués sera préalablement bien ameublie et convenablement fumée. Les terrains neufs ayant de la consistance conviennent très-bien à cette plante dont la culture devrait se faire dans notre plaine, notamment par les agriculteurs qui ont des bœufs et des vaches.

BATATE OU PATATE *(Ipomœa batatas).*

On cultive trois variétés de batates : la rouge, la jaune et la violette de la Nouvelle-Orléans.

Dans les pays froids elle est cultivée sur couche ; mais dans la plaine du Roussillon elle vient parfaitement en rase campagne où elle trouve une température chaude et donne d'excellents produits aussi considérables que ceux de la pomme terre. La culture de la batate est bien moins dispendieuse que la culture de la pomme de terre.

La culture de la patate est la suivante : dans le mois d'avril, on construit, à une bonne exposition, une couche de 60 à 70 centimètres d'épaisseur, moitié fumier, moitié feuilles, et on la charge de 30 centimètres de bonne terre mêlée de terreau. On place dans cette couche les tubercules entiers, bien conservés, à 10 ou 12 centimètres l'un de l'autre, et lorsque les tubercules ont émis des stolons ou jets de 25 à 30 centimètres de hauteur, on les sépare des tubercules que l'on déterre un peu sans les arracher ni les déranger ; ces tubercules en pousseront bien d'autres qu'on pourra planter encore, et puis, avec un plantoir, on les repique dans un terrain que d'avance on a bien défoncé et fumé. Les jets doivent être plantés droits de manière que le bout du bas et les radicules ne soient point coudés. Si la terre n'est pas fraîche, on verse au pied de chaque plantule la contenance d'un verre d'eau.

Au bout de 4 ou 5 jours, elle a déjà pris racine et continue à végéter. La batate n'aime point les terres fortes ni humides.

Pendant qu'elles sont jeunes et qu'elles n'ont pas recouvert encore le sol de leurs stolons, il faut enlever toutes les herbes inutiles et les chausser. Voilà tous les travaux qu'elles exigent.

La batate n'a pas besoin de beaucoup d'eau : les rosées du matin, si elles sont abondantes, lui suffisent ; cependant, si les plantes souffraient de la sécheresse, ce qu'on reconnaît aux feuilles qui sont languissantes, on introduirait dans la plantation un peu d'eau qui les raviverait bientôt.

Les batates plantées en mai peuvent être arrachées à la fin d'octobre. Il faut, par un beau soleil, les récolter avec beaucoup de précaution, car celles qui sont rompues ou même légèrement endommagées se gâtent facilement.

Après avoir arraché les batates, ce qu'il ne faut faire que le plus tard possible, on les étend sur le sol, exposées au soleil, puis on les rentre, on les place dans un grenier sur une couche de paille, séparées l'une de l'autre, et lorsqu'elles sont bien ressuyées, on les met dans un endroit sec où la température, étant la plus égale possible, ne descende pas au-dessous de douze degrés, ensuite on les empile avec soin et on les recouvre d'une couche de paille de l'épaisseur de dix à douze centimètres. Les batates peuvent être mangées lorsque la peau qui les recouvre n'est plus laiteuse.

En Italie, où l'on cultive la batate sur une assez grande échelle, on en fait du pain qui est très-bon, on en fait aussi de la fécule qui est plus fine et meilleure que celle de la pomme de terre. (1)

Dans une année de disette, la batate, qui est nourrissante et bienfaisante en même temps, peut devenir un bon succédané de la pomme de terre.

---

(1) On procède à la fabrication du pain de batates de cette manière : on fait cuire, dans un peu d'eau, et mieux encore à la vapeur, les tubercules dont on enlève les peaux. On les écrase bien dans le pétrin et puis on y mêle de la farine de blé ou de seigle en égales proportions. On malaxe bien cette pâte et lorsqu'elle est suffisamment travaillée on fait le pain qu'on enfourne lorsque la pâte est levée au point convenable.

Les petits tubercules cuits dans le moût de raisin produisent une très-bonne confiture. Préparés au sucre, ils sont aussi bons que les marrons glacés.

QUESTIONNAIRE.

La carotte est-elle une plante utile ? — Coupée en morceaux et mêlée avec de la paille, que produit-elle ? — Y a-t-il plusieurs espèces de carottes ? — Comment cultive-t-on la carotte ? — Parlez-nous du navet. Comment doivent-ils être cultivés ? — Parlez-nous du panais et du choux. Quels sont les choux qu'on cultive pour la nourriture des bestiaux ? — Comment fait-on la culture de ces choux ? — Combien de variétés de batate cultive-t-on ? — Comment est-elle cultivée dans les pays froids et en Roussillon ? — Faites-nous connaître la culture de la batate ? — Comment doivent être plantés les jets de la batate ? — Quels travaux faut-il faire subir à la batate ? — Cette plante exige-t-elle beaucoup d'eau ? — Quand est-ce que les batates peuvent être récoltées ? — Lorsqu'elles sont arrachées, que faut-il faire ? — Que fait-on en Italie de la batate ? — Dans une année de disette que peut devenir la batate ? —

CHAPITRE XIII.

DES LÉGUMINEUSES.

Sous la dénomination de légumineuses, on entend toutes les plantes dont les graines sont enfermées dans une *gousse*.

Les plantes légumineuses se divisent en deux classes : 1° celles qui sont propres à la nourriture de l'homme, qu'on appelle vulgairement légumes secs ; celles qui servent à la formation des prairies artificielles et qu'on connaît sous le nom de fourragères.

1re CLASSE. — DES LÉGUMINEUSES PROPRES A LA NOURRITURE DE L'HOMME.

HARICOTS.

Les haricots dont on fait de grandes cultures dans une grande partie du département ont une infinité de variétés dont les unes sont meilleures que les autres. Les unes sont précoces, les autres tardives, telles que le haricot appelé dans le pays *monjeta romana* et le haricot, *monjeta del gancho*, qui est une sous-variété du premier. Ces deux espèces sont d'une excellente qualité et se sèment en juin sur les éteules du blé. Les haricots communs, dans les mois d'avril et de mai.

Les haricots viennent dans toutes les terres ; mais celles dont ils s'accommodent le mieux sont les terres sablonneuses où ils acquièrent de la finesse, les terres noires et grasses des marais et des prés défoncés. Ils réussissent très-bien dans les terres à blé, sur les chaumes, après la moisson.

Lorsque ces terrains auront été soumis à trois ou quatre labours, qu'ils auront été bien hersés et roulés, on fera avec, la charrue sans oreille, une raie de quatre centimètres de profondeur, on y placera les haricots à un centimètre de distance les uns des autres dans toute la longueur de la raie ; on fera ensuite une raie pareille à celle qui vient d'être tracée, à cinquante centimètres de la première, et on y placera les haricots à la même distance les uns des autres ; l'on agira de même pour toutes les pièces qu'on veut ensemencer. Les haricots seront couverts avec le rateau ou le plateau en bois. Lorsque les haricots auront atteint douze à quinze centimètres de hauteur, il faudra y passer la charrue à trident tranchant et sans oreille. Le soc ne doit entrer dans la terre qu'à trois centimètres pour couper les racines des mauvaises plantes. Les haricots commençant à émettre leurs fleurs, il faut les butter avec la charrue à deux oreilles, ayant soin d'arracher avant les mauvaises herbes qui pourraient se trouver entre les raies. Dans la plaine et sur les montagnes, ces deux travaux se font généralement à la main, ce sont presque toujours des femmes qui les exécutent avec la petite bêche ou la serfouette ; mais cette espèce de travail est dispendieux.

Lorsque les haricots sont mûrs, il faut les arracher le bon matin ou le soir à la tombée du soleil pour qu'ils ne s'égrainent point. Il faut ensuite les arranger en petites bottes ou petits tas, les laisser deux ou trois jours sur la terre, si on ne craint pas le mauvais temps ; mais si le temps est à la pluie, il faut les rentrer ou en former de grands tas que l'on recouvre de paille longue pour les garantir de l'eau.

Les haricots, quels qu'ils soient, doivent être irrigués souvent, mais pas du tout lorsqu'ils sont en pleine floraison : l'humidité trop abondante fait tomber les fleurs. Leurs pailles sont bien mangées par les bœufs, les mulets et les ânes. Leurs cendres donnent un bon amendement.

DES FÈVES, DES POIS, DES LENTILLES.

La culture des fèves est la même que celle des haricots : on les sème en ligne pour que les travaux de labourage et de sarclage s'effectuent avec plus de facilité. Tous les terrains conviennent à la fève, qui cependant s'accommode mieux de ceux appelés terres fortes ; mais il lui faut du fumier.

La fève dite des marais a plusieurs variétés du nombre desquelles se trouve la féverole *(faboli)*, dont la gousse et le grain sont plus petits ; c'est à cause de ces deux circonstances qu'on lui a donné le nom de féverole. Cette espèce est cultivée assez en grand, parce que le grain entre avec avantage dans la nourriture des animaux, des porcs surtout, lorsqu'ils sont destinés à être engraissés. Pour obtenir un bon résultat, il faut faire tremper dans de l'eau les féveroles pendant quelques heures, ou les réduire en farine. Cette farine engraisse bien la volaille, en en faisant une pâte avec de l'eau. Les féveroles ramollies dans l'eau sont très-profitables aux bœufs qu'on engraisse.

On sème les fèves comestibles en janvier et février, plus tôt même, dans de bonnes expositions, et les féveroles dans le mois de mars.

Lorsque les plantes ont acquis vingt-cinq à trente centimètres de hauteur, il faut passer sur elles le rouleau en bois ; par cette opération, ces plantes sont refoulées dans la terre, émettent des jets en plus grand nombre et bien constitués.

Cette légumineuse est souvent attaquée du puceron noir. Cela arrive lorsque les plantes étant trop serrées, l'air ne peut pas les pénétrer ; cela arrive aussi s'il règne des temps trop humides. On est forcé alors d'écimer ces plantes, et la récolte est bien réduite. Il vaut mieux les soufrer ou les saupoudrer de cendre de bois mêlée de suie, ou les arroser d'une forte eau de savon noir. Par ces moyens on détruit les insectes malfaisants sans porter préjudice à la plante.

La récolte des fèves a lieu lorsque les gousses en grande partie sont devenues noires. On arrache les plantes qu'on dépose en petits tas sur la terre, pour que leur entière dissécation s'opère. On les porte ensuite à l'aire pour les battre. La paille des fèves est mangée par les bestiaux. Si on la met dans une fosse pour y être macérée par le purin ou par l'eau, elle fournit un très-bon engrais. Les féveroles enfouies lorsqu'elles sont en fleur, produisent un amendement du premier ordre.

Pois. — Les pois ont un grand nombre de variétés ; les meilleures et qui sont le plus cultivées sont le pois Michaux, le prince Albert, très-précoce, le pois nain, le gros et long *(en catalan mulla)*, le pois goulu *(tirebec)*, le pois chiche *(sayrò)*, etc. On sème le pois nain pour en avoir des primeurs, en octobre et novembre.

Les terres où l'on cultive les pois ne doivent pas être trop fumées ; les terrains humides ne leur conviennent pas ; ils réussissent bien aux *aspres* pourvu que la saison ne soit pas sèche et que la terre ait été bien disposée avant de les semer. Étant arrivés aux trois quarts de leur croissance, il faut les chausser au moyen de la charrue ou de la binette et les débarrasser des mauvaises herbes.

La lentille. — Cette plante est semée en rayons, en février et en mars. Dans un terrain sec et sablonneux, ses produits sont beaucoup plus abondants que dans un terrain humide ; car là elle végète beaucoup et ne donne que peu de graines. Il y a plusieurs variétés de lentilles. Leur paille est bonne pour la nourriture des bestiaux.

QUESTIONNAIRE.

Qu'entend-on sous la dénomination de légumineuses ? — En combien de classes se divisent-elles ? — Le haricot a-t-il des variétés ? — Faites les connaître. — A quelle époque faut-il semer les haricots ? — Quelles sont les terres qui conviennent aux haricots ? — De quelle manière sème-t-on les haricots ? — Lorsque les plantes ont atteint douze à quinze centimètres de hauteur, que faut-il faire ? — Lorsqu'elles commencent à émettre des fleurs, quel travail faut-il leur faire subir ? — Dans la plaine et la montagne comment se font les travaux des haricots ? —

Lorsque les haricots sont mûrs, que faut-il faire ? — Les haricots ont-ils besoin de fréquentes irrigations ? — Les pailles des haricots sont-elles bonnes pour les bestiaux ?

Comment cultive-t-on les fèves ? — Comment les sème-t-on ? — Quels sont les terrains qui leur conviennent ? — La fève des marais a-t-elle des variétés ? — Pourquoi la féverole est-elle cultivée en grand ? — Lorsqu'on la fait servir pour engraisser les porcs, comment faut-il la préparer ? — Sert-elle à d'autres usages étant ramollie ou mise en farine ? — A quelles époques sème-t-on les fèves ? — Quand est-ce qu'on passe le rouleau en bois sur les plantes des fèves ? — Que produit cette opération ? — Quel est l'insecte qui attaque cette légumineuse ? — Par quels moyens peut-on le détruire ? — Quand est-ce que l'on fait la récolte des fèves ? — Comment les dispose-t-on après les avoir arrachées ? — A quoi peut servir la paille des fèves ?

Les pois ont-ils des variétés ? — Quelles sont les principales ? — La terre destinée à la culture des pois doit-elle être fumée ? — Quels sont les terrains qui leur conviennent ? — Quand est-ce qu'il faut les chausser et comment ? —

La lentille, comment doit-elle être semée ? — Les terrains secs et sablonneux lui conviennent-ils ? — La paille des lentilles est-elle bonne pour la nourriture des animaux ? —

IIe CLASSE. — LÉGUMINEUSES FOURRAGÈRES.

DU LUPIN.

La culture du lupin est très-facile : il est semé dans la dernière quinzaine du mois d'août, comme le trèfle rouge, à la volée parmi le maïs et sur les éteules, où il n'est presque pas enterré et où il germe et prend racine tout de suite si la terre est un peu humide. Il ne demande qu'à être irrigué lorsqu'il en a besoin. Le lupin n'est bon, quand il est jeune, que pour les vaches et les brebis ; les moutons le mangent bien quoiqu'il soit plus fait. Les tiges, enfouies lorsqu'elles sont en fleur, fournissent un très-bon amendement, et brûlées, lorsqu'elles sont sèches, produisent des cendres qui, répandues sur le sol, lui donnent de la fertilité.

Le lupin donne des récoltes satisfaisantes. Le grain, qui est une espèce de pois appiati, est extrêmement amer. Aucun animal ne peut le consommer.

DE LA VESCE.

La vesce est souvent semée aux terres aspres, sur les éteules ou chaumes en septembre et en octobre ; la terre doit être préparée comme pour les féveroles ; il n'est pas nécessaire de la fumer. Elle fournit un très-bon pacage pour les bêtes à laine, et si, elle est broutée jeune, elle émet de nouvelles tiges, qui donnent encore un assez bon produit en fourrage ou en grain. Il est avantageux, lorsqu'on doit semer la vesce, de mêler à la semaille un quart ou un cinquième d'orge ou de seigle. Ces plantes servent à soutenir les vesces qui ont moins de propension à se gâter si le temps est humide et rendent le fourrage bien meilleur. La vesce doit être fauchée, si elle est destinée à être mise en grange pour fourrage sec, lorsque les cosses sont encore vertes, afin que le grain ne s'en échappe pas et que la plante soit plus savoureuse et substantielle. Un hectolitre et demi de semence suffit pour un hectare de terre.

Le fourrage de la vesce convient à tous les bestiaux et donne beaucoup de lait aux vaches ; il peut entrer pour un tiers dans la nourriture des chevaux. La vesce mêlée avec le trèfle produit un excellent fourrage vert.

Parmi les plantes légumineuses fourragères qu'on devrait introduire dans la culture roussillonnaise, nous citerons le lentillon, la gesse à larges feuilles, la petite gesse si recherchée des bêtes à laine et des porcs, la jarosse et certaines espèces de pois.

QUESTIONNAIRE.

De quelle manière sème-t-on le lupin ? — Quels sont les animaux qui le mangent ? — Que produisent les tiges du lupin lorsqu'elles sont en fleur et lorsqu'elles sont brûlées ? — Le lupin donne-t-il de bonnes récoltes ? — Quelle est la qualité particulière du grain ? — Dans quelles terres sème-t-on les vesces ? — Comment la terre doit-elle être préparée ? — Que fournit la vesce aux bêtes à laine ? — Si la vesce est broutée jeune, que produit-elle ? — Quels sont les grains qu'il est avantageux de mêler à la vesce en la semant, et en quelle quantité faut-il les y mêler ? — Quand est-ce que la vesce doit être fauchée ? — Quelle quantité de graines faut-il pour ensemencer un hectare ? — A quels bestiaux convient le fourrage de la vesce ? — En quelle quantité peut-il entrer dans la nourriture des chevaux ? — Mêlée avec le trèfle, que produit la vesce ? — Quelles sont les légumineuses fourragères qu'on devrait introduire dans la culture roussillonnaise ?

CHAPITRE XIV.

DES PLANTES INDUSTRIELLES.

OLÉAGINEUSES.

Les plantes oléagineuses ne sont pas cultivées en Roussillon, parce que l'olivier donne de l'huile assez abondamment et supérieure en qualité à celle que produisent ces plantes qui ne sont généralement cultivées que dans le nord et le centre de la France. Cependant, et parce que l'huile doit devenir moins abondant, à cause de l'arrachis malheureusement trop considérable d'oliviers qui ont été remplacés par des vignes, les agriculteurs de la salanca et du riberal devraient cultiver celles des plantes oléagineuses qui conviendrait le mieux à notre climat. Nul doute que ces plantes leur donneraient des bénéfices incontestables soit en huile, soit en tourteaux pour fumure des terres et pour engrais des bestiaux.

Les plantes oléagineuses sont le colza, la navette, la moutarde blanche et noire, le madia sativa, le pavot ou œillette, l'arachide (1).

_____

(1) L'arachide ou pistache de terre avait été cultivée comme essai par ordre du Ministre de l'agriculture; elle avait admirablement réussi ; mais il fut décidé qu'on ne propagerait pas cette plante pour ne pas faire tort aux oliviers.

le sésame, la caméline ; on peut leur adjoindre le ricin ou palma christi qui, cultivé dans notre plaine, produirait de bons bénéfices. La culture de ces plantes n'est ni difficile ni dispendieuse.

QUESTIONNAIRE.

Pourquoi les plantes oléagineuses ne sont pas cultivées en Roussillon ? — Les agriculteurs du pays ne devraient-ils pas cultiver ces plantes ? — Ces plantes leur produiraient-elles des bénéfices ? — Quelles sont les plantes oléagineuses ? — Leur culture est-elle difficile ?

PLANTES TINCTORIALES.

Les plantes tinctoriales sont la garance, la gaude, le pastel, le safran, le polygonum tinctorum et l'indigotier.

La garance, qui vient spontanément dans les haies de nos garrigas, était cultivée anciennement dans la plaine du Roussillon d'où on la fournissait non seulement à la France, mais encore à d'autres pays étrangers ; on ne sait pas pourquoi la culture de cette plante a été abandonnée. C'est maintenant en Alsace et à Avignon qu'on la cultive ; elle donne un produit de 5 à 600 francs par hectare. Les terres de la salanca lui conviendraient bien, parce qu'elle exige un terrain profond, léger et substantiel. Les racines de la garance, qui sont extraites de la terre la troisième année, donnent une teinture rouge très-solide, et leurs tiges un fourrage bon pour toute espèce de bétail.

La gaude fournit une couleur jaune ; elle est recherchée pour la teinture commune. Le pastel, dont les feuilles produisent une couleur bleue, est cultivée aussi comme plante fourragère. Le safran, dont il a été fait dans le pays de petits essais qui ont donné de bons résultats, fournit par les pistils de sa fleur une belle couleur jaune. Le polygonum tinctorium et l'indigotier ne pourraient bien venir que dans le Roussillon, parce qu'il faut à cette plante un climat chaud.

Les agriculteurs roussillonnais feraient bien, dans leurs propres intérêts, de reprendre la culture de la garance : cette culture exige des travaux tout particuliers et coûteux, mais si elle est bien faite, elle donne en compensation un bon revenu.

QUESTIONNAIRE.

Quelles sont les plantes tinctoriales ? — La garance avait-elle été cultivée en Roussillon ? — Où est-elle maintenant cultivée ? — Quel est son produit par hectare ? — Quelles sont les terres qui lui conviennent ? — Quelle couleur tire-t-on de la garance ? A quoi servent ses tiges ? — Quelle est la couleur qu'on tire de la gaude ? — Quelle couleur produisent les feuilles du pastel ? — Peut-on cultiver cette plante pour en obtenir un autre produit ? — Parlez-nous du safran ? — Quelle couleur obtient-on des pistils de sa fleur ? — Le polygonum tinctorum et l'indigotier pourraient-ils bien venir en Roussillon ? — Les agriculteurs roussillonnais feraient-ils bien de reprendre la culture de la garance ? — Quels seraient les résultats de cette culture ?

PLANTES TEXTILES.

Il n'est cultivé en Roussillon que deux plantes textiles qui sont le lin et le chanvre. Il y a cependant le grand genêt ou genêt d'Espagne *(ginesta)*, dont les jeunes pousses produisent de la filasse moins bonne et moins belle à la vérité que celle des deux premières plantes. Elle est utilisée par de pauvres femmes de nos montagnes, et le fil qu'elle produit est recherché pour la confection des filets de pêcheurs. Les bêtes à laine mangent avidement ces jeunes pousses. Cette plante devrait être réellement cultivée en grand dans les terres des garrigas où elle vient très-bien d'elle-même.

On ne distingue dans le pays qu'une espèce de lin qui est le lin ordinaire. Dans diverses contrées de l'intérieur, en Flandre surtout, on cultive le lin de Riga et le lin de Hollande, qui sont connus sous le nom de lins de la grande espèce. Leurs produits sont bien plus considérables et leur qualité est bien supérieure à celles du lin ordinaire. Ces grandes espèces devraient être introduites dans le pays où la culture du lin n'est pas assez étendue.

Pour que le lin produise de bons résultats, il faut que le sol dans lequel il doit être semé soit bien propre, bien ameubli. Il ne faut lui donner que du fumier bien consommé, ou mieux encore, il faut fumer la terre longtemps à l'avance. On sème le lin sur un terrain qui a reçu deux ou trois labours à la charrue et sur lequel on aura passé le rouleau pour bien émietter la terre, on l'enterre ensuite par deux hersages croisés. Le lin est une plante épuisante ; il ne faut pas le faire revenir trop souvent sur le même terrain où il ne réussirait pas. Il faut 7 ou 8 ans d'intervalle.

On sème le lin d'hiver dans les derniers jours d'octobre et le lin d'été dans les derniers jours de mars. Le premier est mûr vers la fin de juin et le second après la moisson. Lorsque le lin est destiné à produire de la graine, il faut le semer moins épais, et comme cette plante souffre dans le temps sec, il est donc nécessaire de l'irriguer toutes les fois qu'il en a besoin.

Lorsque le lin a atteint 15 à 20 centimètres de hauteur, il doit être sarclé, et quinze à vingt jours après, on le sarclera de nouveau. Le sarclage doit être fait lorsque la terre n'est pas trop humide.

On arrache le lin lorsque les feuilles sont devenues jaunes le long de la tige. A mesure qu'on l'arrache, on le dépose par poignées sur le sol. On retire de la graine du lin une huile qu'on emploie en peinture, et les résidus de cette graine dont on a extrait l'huile et qu'on appelle *tourteaux* donnent une bonne nourriture pour les animaux et un bon engrais.

Le chanvre demande des terres de première qualité, et ces terres doivent être bien ameublies par des labours profonds. C'est une bonne méthode de n'enfouir que la moitié de l'engrais lorsqu'on fait le premier labour et de répandre l'autre moitié en couverture aussitôt après la semaille. Une terre trop humide ne convient point au chanvre. On le sème à la fin d'avril ou dans la première quinzaine de mai : il faut semer dru pour obtenir une filasse plus fine. Pour avoir des graines bien mûres et bien for-

mées, il faut semer le chanvre isolément, les plantes assez éloi
gnées l'une de l'autre.

La récolte du chanvre se fait en arrachant d'abord les plantes
qu'on appelle improprement femelles et qui sont réellement des
pieds mâles dépourvus de graines ; l'arrachage des autres pieds
se fait lorsque leurs tiges commencent à jaunir.

Il faut avoir soin d'irriguer le chanvre lorsqu'il en a besoin,
surtout celui qui est dans un sol de peu de consistance, et de le
débarrasser de toutes les plantes étrangères qui le salissent.

La graine du chanvre appellée *chènevis* sert à la fabrication
d'une huile recherchée pour l'éclairage et la peinture.

QUESTIONNAIRE.

Combien de plantes textiles cultive-t-on en Rouseillon ? —
Que produisent les jeunes pousses du genêt d'Espagne ? — Par
qui la filasse du genêt est-elle utilisée ? — A quoi sert le fil de
cette filasse ? — Les jeunes pousses du genêt sont-elles mangées
par les bêtes à laine ? — Cette plante ne devrait-elle pas être
cultivée dans les garrigas ?

Combien d'espèces de lin distingue-t-on dans le pays ? —
Quelles sont les espèces qui sont cultivées dans l'intérieur ? —
Quels sont leurs produits ? — Ces grandes espèces devraient-elles
être introduites dans le pays ? — Comment le sol doit-il être
préparé, pour que le lin produise de bons résultats ? — Quel
fumier faut-il lui donner ? — Sur quel terrain sème-t-on le lin ?
— Le lin doit-il revenir souvent sur le même terrain ? —
A quelles époques sème-t-on le lin ? — Comment faut-il semer
le lin ? — Faut-il souvent l'irriguer ? — Quand est-ce qu'il convient de faire les sarclages du lin ? — Quand est-ce qu'on l'arrache ? — A quoi sert la graine du lin ?

Quelles sont les terres qui conviennent au chanvre ; comment
doivent-elles être préparées ? — Comment emploie-t-on le fumier
qu'on destine au chanvre ? — A quelle époque le sème-t-on ? —
De quelle manière faut-il le semer ? — Comment se fait la récolte
du chanvre ? — Quels soins faut-il avoir du chanvre ? — Comment s'appelle la graine du chanvre ? — A quoi l'emploie-t-on ?

AUTRES PLANTES INDUSTRIELLES.

—

LE HOUBLON.

Le houblon croît spontanément dans notre plaine : on le trouve dans les bois, le long des rivières, sur les francs-bords des ruisseaux. Il n'est cultivé que dans le nord pour la fabrication de la bière. La culture de cette plante serait facile et donnerait de bons revenus. Tous les terrains frais et profonds sont favorables au houblon. On pourrait le planter au pied des saules, des peupliers et le laisser filer le long des troncs ; il ne tarderait pas à s'accrocher aux premières branches et donnerait de nombreuses fleurs, qui seraient récoltées à la fin de septembre ou au commencement d'octobre. Les fabricants de bière ont reconnu que le houblon récolté dans le pays, quoique venu sans culture, a des qualités supérieures à celui qui est cultivé dans le Nord et qui est payé bien cher.

CARDÈRE.

La cardère ou cardon à foulon est une plante qui vient aussi naturellement dans notre pays. Si on la cultivait, comme dans certaines localités de l'intérieur, elle donnerait des peignes plus longs et plus fins. La culture de cette plante, dont les produits sont recherchés et payés assez cher par les fabricants de drap, vaut la peine d'être entreprise. Un essai qui fut fait à Théza, il y a quelques années, donna un produit au-dessus des espérances du cultivateur.

On sème la cardère en mars ou en avril dans un terrain bien défoncé, plutôt humide que sec. On ne laisse à la plante que quatre ou cinq têtes. Dans le mois de mai on coupe la tête principale pour faciliter la venue des autres. On en fait la récolte à mesure que les peignes ont acquis leur complète maturité. On les suspend ensuite dans un lieu aéré et à l'ombre pour qu'ils se dessèchent lentement et prennent de la blancheur. Lorsqu'ils sont complétement secs, on en fait tomber les graines que la volaille mange avec plaisir.

Le tabac réussirait très-bien en Roussillon où il n'est pas cultivé, parce que la culture n'en est pas autorisée par le gouvernement. Cette plante exige beaucoup d'engrais et un sol riche et profond.

QUESTIONNAIRE.

Le houblon vient-il dans le pays ? — Pourquoi est-il cultivé dans le Nord ? Que produirait le houblon dans le pays ? — Quels sont les terrains qui lui conviennent? — Où pourrait-on le planter ? — Que pensent les fabricants de bière du houblon venu dans le pays ? — La cardère peut-elle être cultivée dans le pays? — Comment la sème-t-on ? — Comment en fait-on la récolte ? — Que fait-on après sa récolte ? — Le tabac réussirait-il en Roussillon ? — Pourquoi n'y est-il pas cultivé ?

MURIER.

Le mûrier, tout en n'étant qu'un arbre, peut être rangé parmi les plantes industrielles à cause de la feuille qu'il produit pour les vers à soie.

Il y a plusieurs variétés de mûriers : le petit, presque sauvageon, donnant de très-petites feuilles, mais bonnes pour la nourriture des magnans. En Chine et au Japon, où les vers à soie sont abandonnés à eux-mêmes, en plein air, il n'y a pas d'autres mûriers. En Roussillon, nous avons quatre espèces différentes de mûriers : la première, qui est la plus précoce, a la feuille plus allongée et d'un vert tendre, elle est très-bonne pour les vers naissants ; la deuxième est d'un vert plus foncé, elle est plus crénelée, plus épaisse et plus nourrissante ; enfin, les deux autres espèces sont à fond blanc et noir très-gros, bons à manger ; leurs feuilles sont grandes, longues, assez tenaces, elles peuvent être données avec avantage aux vers-à-soie dans leur dernière existence. Il y a encore une cinquième espèce dont on s'était très-engoué, il y a quelques années : c'est le mûrier multicaule dont les feuilles sont très-grandes ; on a fini par l'abandonner, parce qu'on a reconnu que la feuille contenait peu de nourriture.

Le mûrier se propage par graine et par bouture ; si c'est par graine, prenez un morceau de vieille corde de chanvre, ensuite une poignée de fruits bien mûrs, mettez cette corde dans votre main, tirez-là de haut en bas deux ou trois fois, la graine restera adhérente à la corde que vous suspendrez et laisserez sécher. Lorsque la graine sera sèche, vous la ramasserez et la sèmerez en bonne terre légère, mêlée avec du sable fin, afin qu'elle ne soit pas trop serrée. L'année d'après vous pouvez mettre en place. Tous les terrains sont propres à la culture du mûrier qui pousse des racines longues et profondes ; ceux qui sont à l'aspre produisent des feuilles meilleures et donnent de la consistance à la soie.

QUESTIONNAIRE.

Parlez-nous du mûrier ? — Y a-t-il plusieurs variétés de mûriers ? — Quelles sont-elles ? — Quelle est la cinquième ? — Est-elle bonne ? — Comment se propage le mûrier ? — Comment obtient-on la graine ? — Comment la sème-t-on ?

DU COTONNIER. (1)

Le cotonnier (Gossipium de Linné) est une plante à fleur polypétale appartenant à la famille des malvacées. La plante n'est qu'herbacée ligneuse dans le pays où la chaleur n'est pas cons-

---

(1) Le cotonnier avait été cultivé assez en grand, par ordre du gouvernement, de 1808 à 1815, dans un champ tout près de la gare, où il avait bien réussi. La culture s'en était étendue dans

tante, tandis qu'elle forme de grands arbrisseaux, durant plusieurs années, dans des régions rapprochées de l'équateur.

Les divers essais qui ont été faits de la culture du coton dans la plaine du Roussillon, et surtout dans les terres voisines de la mer, ont prouvé que cette plante donne un coton aussi beau, aussi fin que celui qu'on récolte en Algérie et en Egypte.

Les terres qui ont déjà servi à diverses cultures sont préférables à celles qui ont été longtemps en friche. Les sols frais, sans être trop humides dans l'intérieur, sont propres à la culture du cotonnier qui n'a pas besoin alors d'irrigation. Ces terrains sont communs dans la Salanca. Si la terre était trop sableuse dans l'intérieur, cette plante n'y trouverait pas en suffisante quantité les diverses substances nécessaires à sa nutrition. Les terrains tirant sur le noir, doivent être préférés. Un sol gras et trop fertile pousse la plante à produire une végétation luxuriante : elle donne beaucoup de fleurs et des cabosses qui tombent avant la maturité.

Si le terrain dont on dispose est trop maigre, il convient de le fumer ; si le sol est argileux, compact et froid, on emploiera des fumiers chauds, dans lesquels on pourra faire entrer avec beaucoup d'avantages une certaine quantité de poudre de chaux vive, réservant les engrais froids, les boues des villes, le fumier des vaches, etc., pour les sols siliceux, naturellement secs.

Le fumier ne doit pas être confié à la terre simultanément avec la semence. Les jeunes pieds des cotonniers seraient échauffés par la fermentation qui a lieu peu de temps après l'enfouissement du fumier. Les fosses doivent être fumées six semaines au moins avant la semaille des graines, et il faut retourner le fumier dix jours avant l'ensemencement. Quant au terrain, sur lequel la culture doit être faite à plat, c'est-à-dire sans billons, on ne doit fumer que les parties sur lesquelles on doit semer les graines ; ce serait en pure perte qu'on fumerait ce qui ne doit pas être chargé

---

plusieurs autres communes de la plaine. Une culture sur une hectare fut faite à Théza en 1864 elle avait bien prospéré ; mais elle fut ravagée par un ouragan qui brisa les branches du cotonnier et par une chenille qui dévora les cabosses. Cependant le peu de coton qui fut récolté fut très-beau.

de cotonniers. Si les terres n'ont pas été fumées comme il l'a été
dit, employez des fumiers presque réduits en terreau et si vous
y ajoutez un peu de sel, vous aurez un très-bon amendement.

Avant de semer, il faut faire tant soit peu germer la graine, en
la mettant dans un vase avec un peu d'eau. Le vase étant couvert,
on le placera dans un endroit chaud, ou exposé à un bon soleil
pendant vingt-quatre heures, ayant soin de remuer de temps en
temps les graines. L'on ne doit confier à la terre les graines du
cotonnier que lorsqu'on n'a plus lieu de craindre les gelées
tardives : ce sera donc vers la fin de mars ou dans la première
quinzaine d'avril, alors surtout que les saules et les grands
mûriers ont déjà leurs bourgeons développés.

L'espacement à observer, lorsqu'il faut semer, dépend de la
fertilité du sol où l'opération doit avoir lieu. Dans un terrain
substantiel où les plantes devront prendre un grand développement, il faudra au moins un mètre cinquante centimètres entre
les lignes et un mètre sur chaque ligne. Dans un terrain de
moyenne fertilité, l'espacement sera de un mètre entre les lignes
et de quatre-vingt centimètres sur la ligne.

Pour semer, on se munira d'une cheville en bois avec laquelle
on fera les trous. Dans chacun de ces trous on mettra quatre ou
cinq graines, à la profondeur de quatre travers de doigt; on
remplira les trous de terre, à mesure que la graine y aura été
déposée. Si la terre était compacte de nature à se durcir, il faudrait recouvrir la semence avec du sable fin auquel on ajouterait
environ un quart de terreau bien consommé. Il faut avoir soin
de semer bien en ligne pour que les travaux puissent se faire
facilement.

Les graines ainsi disposées commenceront à sortir de terre
dans sept ou huit jours, et lorsque les plantes présenteront
quatre ou cinq feuilles, on les éclaircira en supprimant celles
qui sont superflues; on ne laissera que le pied le mieux
venu. Ce sera alors le moment de faire le premier binage,
tendant à rafraîchir la terre et à en enlever les herbes inutiles, qu'il sera bon d'enfouir dans les intervalles des cotonniers. Dans la grande culture, on peut se servir pour ce
travail de la charrue simple traînée par un cheval, et dans la
petite, on emploiera la binette (aïssade), ayant soin de ne pas atta-

quer les plantes qui sont très-délicates. Il est important de tenir la cotonnière débarrassée de toutes les plantes adventives : c'est pourquoi il faut, avant que les cotonniers soient en fleur, avoir fait le troisième binage et sarclage.

Peu de temps après le troisième sarclage, le cotonnier a acquis ordinairement à peu près les deux tiers de sa hauteur totale. Le moment est venu alors pour l'étêtement de la plante, opération qui consiste à couper, à l'aide d'une petite faucille, l'extrémité de la branche terminale, afin de faire refluer la sève par en bas pour la production des maîtresses branches et des rameaux à fruits. Si les maîtresses branches venaient à croître démesurément ce qui arrive dans les terrains riches, il faut également les inciser, afin de multiplier les rameaux productifs. Il faut avoir soin, en faisant cette opération, de couper toutes les pousses gourmandes et celles qui proviennent des racines.

Si le sol où doit avoir lieu l'ensemencement était sec, mais à l'arrosage, il conviendrait d'y amener l'eau, et cela deux ou trois jours avant de confier les graines à la terre. La terre se trouvant humide, la levée sera plus prompte et plus facile.

Les irrigations peuvent être continuées aux jeunes cotonniers pendant toute la période de leur croissance ; mais il faut en être avare, parce que si les arrosements étaient trop fréquents, les cotonniers prendraient trop de développement au détriment de la production de bonnes cabosses. A partir de l'épanouissement des premières fleurs, les arrosements doivent être très-modérés. L'eau ne doit jamais rester stagnante au pied des cotonniers.

Si la cotonnière se trouvait placée en rase campagne, loin de toute bordure d'arbres, de buissons ou de roseaux, il faudrait former des brise-vents, en semant soit du sorgho, soit du maïs épais et en lignes. Ces semis devront être faits en même temps que la semaille du coton et à une distance les uns des autres de 10 à 12 mètres : il est bien entendu qu'ils seront placés de manière à arrêter les coups de vents de la tramontane (N.-O.). Ce vent, qui est souvent très-fort dans la plaine, peut occasionner des désastres en brisant les branches des cotonniers et en faisant tomber les cabosses.

Lorsque la saison a été favorable, on commencera à récolter le coton sept à huit mois après la plantation. C'est lorsque les cabosses sont bien ouvertes, que la cueillette doit être faite par un temps sec et quand le soleil est très-ardent. Il faut cueillir seulement les flocons et laisser les cabosses qui saliraient le coton si elles y étaient adhérentes. Ce travail est minutieux et peu fatigant, mais il exige de la légèreté dans les doigts.

Quand le coton a été cueilli, et si le temps était un peu humide, il faudrait l'exposer pendant quelques heures sur des claies aux rayons du soleil.

Dans les divers essais de culture qui ont été faits dans certaines parties de notre plaine, on a remarqué que les cabosses encore tendres étaient attaquées par la chenille qui se met aux cabosses du maïs. Cette chenille porte le plus grand dommage, parce qu'elle dévore complètement l'intérieur des cabosses. Le moyen le plus efficace pour l'empêcher d'exercer ses ravages, c'est de laver les cabosses ou les fleurs avec de l'eau dans laquelle on a fait dissoudre de l'aloès succotrin, matière très-amère et qui ne coûte pas cher. On emploiera pour cette opération de grands pinceaux, ou à défaut des chiffons qu'on attachera bien au bout d'un bâtonnet. Par litre d'eau 25 grammes d'aloès. Si les pucerons attaquaient les cotonniers, on les détruirait facilement avec de l'eau fortement chargée de savon noir.

QUESTIONNAIRE.

Qu'est-ce que le cotonnier ? — Qu'ont prouvé les divers essais qui ont été faits de la culture du coton dans la plaine du Roussillon ? — Quelles sont les terres propres à cette culture ? — Que faut-il faire et que faut-il observer lorsqu'il est question de fumer la terre ? — Le fumier doit-il être confié à la terre simultanément avec la semence ? — Quand est-ce que les fosses doivent être fumées ? — Sur les terrains où la culture doit être faite à plat, comment doit-on procéder pour la fumure de la terre ? — Comment se prépare la graine avant de labourer ? — Quand est-ce qu'on doit confier la graine à la terre ? — De quoi dépend l'espacement à observer lorsqu'il faut semer ? — Dans un terrain substantiel quelles sont les distances qu'il faut donner aux cotonniers ? — Comment procède-t-on à l'ensemencement de la graine ? — Si la terre où l'on sème était compacte, que faudrait-il faire ? — Pourquoi faut-il semer en ligne ? — Dans combien de temps les graines commencent-elles à sortir de terre ? — Que faut-il faire lorsque les plantes ont quatre ou cinq feuilles ? — Quand

est-ce que le premier binage doit être fait ? — A quoi ce travail
est-il bon ? — Dans la grande et la petite culture, de quels instruments peut-on se servir ? — Est-il bon de tenir le cotonnier
débarrassé des plantes étrangères ? — Quand est-ce que l'étêtement des cotonniers doit avoir lieu ? — Comment se fait cette opération ? — Les maîtresses branches doivent-elles être incisées, et
dans quel but ? — Les pousses gourmandes doivent-elles être
supprimées ? — Les irrigations sont-elles nécessaires pendant la
croissance des jeunes cotonniers ? — Les arrosements doivent-ils
être fréquents ? — Quand est-ce qu'ils doivent cesser ? — Si la
cotonnière était placée en rase campagne, que faudrait-il faire ?
— A quelles époques récolte-t-on le coton ? — Quand est-ce qu'il
faut faire la cueillette du coton ? — Comment y procède-t-on ?
— Si le temps était humide lorsque le coton a été cueilli, quelle
précaution faut-il prendre ? — Qu'est-ce qui a été remarqué dans
les essais de culture faits dans diverses parties de notre plaine ?
— Quel est le moyen le plus efficace pour détruire la chenille qui
attaque les cabosses du coton ? — Quel moyen emploie t-on pour
détruire les pucerons ?

CHAPITRE XV.

DES PRAIRIES.

PRAIRIES NATURELLES.

Il y a des prairies qui se forment d'elles-mêmes, le plus souvent dans des terrains humides par le moyen des graines de
toute nature que les vents y transportent. Ces prairies sont ordinairement de mauvaise qualité. Cependant, si l'on veut se donner
la peine d'en arracher les plantes malfaisantes et inutiles et y
semer, à la suite d'un hersage croisé, des graines de bonne
qualité, on pourra arriver à avoir une bonne prairie.

Lorsqu'on voudra former une prairie péreune, on choisira un terrain qui puisse s'irriguer facilement et dont la couche arable soit assez profonde ; car plus le terrain sera riche, plus on sera assuré de la réussite. Partout où il y aura de la fraîcheur, on établira avec succès des prairies ; l'humidité leur est nécessaire. Dans toutes les terres fortes, franches, argileuses même, on peut avoir des prés.

Il y a deux manières de préparer le sol. La première consiste dans la culture sur le terrain, pendant un ou deux ans, des plantes sarclées, telles que pommes de terre, betteraves, haricots, etc. Cette culture ameublit le sol qui est purgé des herbes nuisibles. Comme les plantes-racines demandent assez d'engrais, il est inutile, après la culture de ces plantes, de fumer avant de répandre les graines de foin sur le sol que l'on veut convertir en prairie naturelle.

Par la seconde, on laisse la terre en repos pendant un an, mais on la laboure deux fois au moins, au printemps et en été, et on la fume une fois dans le courant de mai ou de juin. Au moyen de ces labours, on nettoie et ameublit la terre qui est alors bien préparée pour recevoir la semence.

Dans les deux manières de procéder, il faut de toute nécessité débarrasser le terrain des pierres, des racines, des joncs, des presles et de toutes les grosses plantes.

Le moyen le plus communément adopté par les grands propriétaires consiste à semer sur des chaumes de blé, de seigle, d'avoine, etc., qui ont reçu une fumure l'année précédente. Aussitôt après l'enlèvement de la récolte, on laboure la terre sur laquelle on passe immédiatement le rouleau pour briser les mottes. Ce travail est renouvelé un ou deux mois après. On effectue un dernier labour à petites raies, comme pour le blé ; on passe ensuite la herse en travers et le rouleau pour niveler le sol. C'est sur cette dernière façon que la terre a reçue que l'on sème les graines de foin ; elles doivent être couvertes par un dernier coup de charrue très-léger ou par un hersage croisé, ce qui vaut mieux.

Le printemps et l'automne sont les deux époques les plus favorables au semis des prairies naturelles. Ceux qui sont faits en automne ont plus de chance de succès ; il convient alors de

semer dans les mois d'octobre et de novembre. Les semis d'automne, s'ils sont bien exécutés, et si le temps ne leur est pas contraire, pourront donner deux bonnes coupes au printemps suivant

Les semis de printemps, qui réussiront bien si la terre a été convenablement préparée, se font à partir du mois de février jusqu'à la fin d'avril.

Ce n'est pas avantageux de semer les graines de foin avec le blé, encore moins avec le seigle ; les récoltes des céréales ainsi que celles du foin courent risque de ne pas bien réussir. Mais les graines de foin peuvent être semées avec espoir d'un bon résultat, mêlées avec l'avoine et l'orge, de manière que si l'on sème d'habitude douze mesures d'avoine ou d'orge, suivant l'étendue, on n'en mette que huit.

Les prairies naturelles n'ont besoin que de travaux d'entretien qui consistent dans 1° l'irrigation ; 2° l'assainissement nécessaire pour faire écouler l'eau lorsqu'elle est stagnante, surtout en hiver ; 3° la destruction des plantes nuisibles, telles que les carottes sauvages, les ciguës, les marrubes, les chardons, les patiences, les joncs, les renoncules, les prêles et tant d'autres ; 4° la destruction des taupinières ; 5° l'ensemencement des places vides avec des graines de graminées choisies ; 6° la fumure par le moyen du plâtre ou de la chaux, du limon des rivières, de la charrée, ou du purin mêlé avec de l'eau. Cette fumure doit se faire tous les deux ou trois ans.

Lorsque le pré vieillit, il faut le labourer légèrement *(enristar)*, afin d'enlever les mousses et toutes les mauvaises plantes qu'on aura soin de mettre en tas et de brûler pour en répandre ensuite les cendres dans le pré. Ce travail doit se faire par un temps sec, après l'enlèvement du foin de la seconde coupe. Après que le labourage aura été fait, on jettera sur le sol la semence nécessaire et on la couvrira par un bon hersage. A la place de la semence de pré, on peut mettre de l'avoine, de l'orge, mieux encore de l'esparcette.

On entend par graine *brute* celle qui provient du fond des greniers à foin. Elle renferme par conséquent les germes d'une infinité de plantes mauvaises. Il en faut une grande quantité pour ensemencer un hectare. On emploie le plus ordinairement

100 à 120 litres de cette graine pour ensemencer cette étendue.

La graine *fine* ou *épurée* est celle qui a été criblée, vannée et débarrassée de toutes les graines dont les plantes sont nuisibles dans une bonne prairie. La graine par excellence est celle des foins de Palaiseau. (1) Elle s'emploie dans la proportion de 250 à 300 kilogrammes par hectare, soit 18 à 20 hectolitres.

Dans la seconde année de l'existence d'un pré, il est avantageux d'y faire paître les bêtes à laine, dont le piétinement porte les plantes à émettre un plus grand nombre de tiges, surtout si l'herbe a été broutée bien près du collet de la racine.

Il faut se donner bien de garde d'envoyer paître dans les prés, de quelle nature qu'ils soient, s'ils sont trop humides, le bétail gros ou menu; leurs pieds produisent un grand préjudice aux plantes qu'ils enterrent et qu'ils déchirent.

QUESTIONNAIRE.

Y a-t-il des prairies qui se forment d'elles-mêmes, et de quelle manière ? — Ces prairies, ordinairement de mauvaise qualité, peuvent-elles être améliorées ? — Que faut-il faire pour former une prairie pérenne ? — Combien de manières y a-t-il pour préparer le sol ? — En quoi consistent ces manières ? — De quoi doit être débarrassé le sol ? — Quel est le moyen le plus communément adopté par les grands propriétaires pour former une prairie ? — Quelles sont les époques les plus favorables au semis ? — A quelle époque se font les semis de printemps ? — Est-ce avantageux de semer les graines à foin avec le blé et le seigle ? — Avec quelles graines ? — Comment peuvent-elles être semées avec espoir d'un bon résultat ? — Quels sont les travaux d'entretien dont les prairies naturelles ont besoin ? — Lorsque le pré vieillit que faut-il faire ? — Quand est-ce que le travail doit se faire ? — Qu'entend-on par graine brute ? — Qu'est-ce que la graine fine ou épurée ? — Dans quelle proportion s'emploie-t-elle ? — Dans la seconde année de l'existence d'un pré est-il avantageux d'y faire paître les bêtes à laine ? — Est-il bien d'envoyer les troupeaux dans les prés lorsqu'ils sont trop humides ?

_____

(1) Palaiseau, localité du département de Seine-et-Oise, sur l'Yvette.

PRAIRIES ARTIFICIELLES.

Les prairies artificielles portent ce nom parce qu'elles n'existent que par l'industrie et le travail de l'homme : elles sont d'un grand secours à l'agriculture, car, au moyen des plantes qui les composent, et surtout de la luzerne, on peut nourrir le bétail de trait et engraisser les bœufs destinés à la boucherie, sans avoir recours aux prairies naturelles.

Les plantes qui entrent dans ces prairies appartiennent presque toutes à la famille des légumineuses. Celles que l'on cultive en Roussillon sont : la luzerne, l'esparcette ou sainfoin, le trèfle incarnat ou farouch, le trèfle de Hollande, la vesce, le lupin. On cultive dans un grand nombre de pays la lupuline ou minette dorée, le lotus corniculé, les gesses, les jarosses, les lentillons.

La luzerne aime de préférence les terres franches, riches et profondes, dont l'intérieur est frais sans être humide. Cependant elle réussit dans des sols de bien moindre qualité, à condition qu'elle recevra quelques engrais et qu'elle sera irriguée toutes les fois qu'elle en aura besoin.

La terre qui est destinée à recevoir de la luzerne doit être bien défoncée, labourée plusieurs fois dans tous les sens, afin de la débarrasser des racines des arbres et des plantes nuisibles, telles que le chiendent, les carottes sauvages, les joncs, les prêles, etc. Après le dernier labour, on passera le rouleau sur la terre pour en écraser les mottes. Il sera bon aussi d'en faire retirer les pierres. Ce terrain recevra une bonne fumure.

Pour ensemencer un hectare de terre, il faut de 25 à 30 kilogrammes de graine. Après l'avoir jetée sur la terre, on la couvre légèrement, comme on le pratique pour toutes les graines fines.

La luzerne se sème plus avantageusement seule, à terre nue, dans le mois de mars, que jetée dans le blé ou d'autres céréales. Cependant elle réussit bien lorsqu'elle est mêlée avec des vesces ; mais il ne faut pas que les vesces dominent ; trop épaisses, elles pourraient porter préjudice à la végétation des jeunes plantes de luzerne.

Une plante parasite qu'on appelle cuscute (1) envahit quelque-fois la luzerne et y commet de grands dégâts ; il n'est pas tou jours facile de l'en extirper. Cependant le grattage, après les coupes, avec un rateau à dents de fer très-serrées, des parties qui en sont envahies, produit un bon résultat. La poudre de chaux la fait périr. Il y a des agriculteurs qui, après l'enlève-ment de la luzerne, couvrent de paille les endroits atteints, mettent le feu à cette paille qui détruit la cuscute et ses graines qui sont très-menues. Ce procédé réussit bien.

La luzerne ne peut revenir sur un champ que dix à douze ans après qu'elle en a été arrachée.

L'esparcette à laquelle on a donné avec raison le nom de *sainfoin*, est un excellent fourrage et le plus précieux de tous parce qu'il ne produit aucun accident fâcheux aux animaux qui s'en nourrissent et qu'on peut le semer dans des sols inférieurs en qualité, très-calcaires, pierreux où bien souvent aucune plante ne réussit ; mais il faut fournir à ces terres des engrais et des amendements.

L'esparcette se sème comme la luzerne, dans une terre bien préparée et fumée, ou dans les champs de blé, d'orge et d'avoine, à raison de quatre hectolitres et demi à cinq. On ne la laisse exister ordinairement que deux ans, quoiqu'elle puisse donner encore des produits bien plus longtemps ; mais ces produits sont minimes.

L'esparcette végète encore bien en hiver dans notre plaine ; ce qui permet de la donner en pacage aux brebis ; mais si on ne la fait point manger par ces animaux, la récolte prochaine n'en est que meilleure. Cette plante a la vertu de bonifier singulière-ment le sol et de le rendre propre à la culture du blé. Dans les sols peu profonds elle ne réussit pas bien.

Le trèfle incarnat, farouch, *farratge*, qui paraît être originaire du Roussillon, a l'avantage de donner deux produits dans l'espace de huit à neuf mois ; le premier, en fourrage vert qui est en

---

(1) La cuscute produit une très-petite fleur blanchâtre ; elle a des filaments très-fins qui s'entortillent autour du collet des plantes de luzerne, les étreignent et en pompent toute la subs-tance : les plantes meurent bientôt.

hiver pacagé sur pied par les brebis et les vaches, et le second dans le mois de mai, lorsqu'il est en fleur. Il est alors consommé vert dans les écuries et les étables, ou mis en grenier, sec pour la nourriture des animaux pendant l'été. Ce fourrage, dans l'état sec, ne peut pas être gardé bien longtemps, parce qu'il perd au moins la moitié de sa substance. Lorsque les bestiaux sont retirés des champs de farouch, on irrigue, si le terrain est sec, et on continue l'irrigation tous les quinze jours.

La graine de farouch se sème à la volée parmi le maïs, après le dernier travail donné à cette plante, ou bien sur les chaumes, à la fin du mois d'août. Ce dernier travail se fait ainsi : deux femmes portant devant elles une grande corbeille en osier, remplie de graine, éparpillent çà et là cette graine, en suivant toujours les raies dans lesquelles était venu le blé, de la dernière récolte, puis le laboureur, avec la petite charrue sans versoir, trace des raies de trois ou quatre travers de doigts de profondeur, et de six à huit pouces de distance l'un de l'autre. Il passe ensuite le rateau par dessus pour unir la terre et fixer la graine. Aussitôt que le champ est ainsi préparé, si le terrain est sec, l'eau y est introduite. Dans la huitaine, le trèfle commence à lever. S'il ne pleut point, les irrigations sont continuées tous les quinze jours jusqu'à la fin de novembre.

Le farouch est une plante très-épuisante ; aussi faut-il beaucoup de fumier pour rendre à la terre sa fécondité. Voilà pourquoi, lorsque tout le fourrage a été enlevé, on transporte sur ces terres une bonne masse de fumier qu'on répand et qu'on enfouit tout de suite par deux labours croisés. On sème des pommes de terre, du maïs, du millet, des haricots, et assez communément des haricots et du maïs ensemble.

La quantité de graine nécessaire pour semer un hectare est de 25 kilogrammes.

Le trèfle de Hollande est un très-bon fourrage ; il exige un sol riche et toutes les bonnes terres à froment. Il ne donne que deux coupes et ne peut guère aller au-delà de deux ans. Il se sème comme la luzerne. Il améliore bien la terre par l'effet de la grande quantité de feuilles qu'il laisse tomber.

Le trèfle de Hollande est sujet, comme la luzerne, s'il est

donné en vert, à météoriser les animaux. Il est très-nourrissant, mais il échauffe les bestiaux et leur donne beaucoup de sang.

Il faut pour ensemencer un hectare de terre 25 kilogrammes de graine, quelquefois moins ; la qualité des terrains doit servir de guide à cet égard.

Le lupin ne peut bien venir que dans les terres fraîches de la Salanca et du Riberal, parce que quoique ses racines soient assez pivotantes, il lui faut de l'eau. Il se sème comme le trèfle rouge et à la même époque, et le grain doit à peine être couvert de terre. Les feuilles de cette plante ne sont broutées par les bœufs, les vaches et les moutons, que quand elles sont jeunes ; trop faites, elles deviennent dures et amères.

Lorsque le lupin est en fleur, on l'enfouit avec la grosse charrue, il fournit alors à la terre un bon amendement.

La vesce est presque toujours semée dans les terres aspres ou de salanca, sur les éteules ou chaumes en septembre et en octobre. Elle produit un très-bon pacage pour les moutons, surtout et si elle est mélangée avec de l'orge, du seigle ou du trèfle. Ainsi mélangée la vesce est une très-bonne nourriture comme fourrage sec pour toutes les bêtes le travail, et donne aux vaches du lait en abondance. Lorsqu'elle est fauchée au moment où les cosses sont aux trois quarts de la maturité, elle est encore un excellent fourrage pour les chevaux ; elle peut entrer pour un tiers dans leur nourriture.

La vesce doit être fauchée, si elle est destinée à être gardée en grenier, lorsque les cosses sont encore verdâtres, afin que le grain ne s'échappe pas ; la plante est alors plus savoureuse et plus substantielle.

Un hectolitre et demi de graine suffit pour ensemencer un hectare de terre.

La vesce est merveilleuse pour étouffer les mauvaises herbes et pour préparer la terre destinée aux céréales ; mais il faut, dans ce cas, la couper avant la maturité des graines.

QUESTIONNAIRE.

Pourquoi les prairies artificielles portent-elles ce nom ? — Sont-elles avantageuses à l'agriculture ? — A quelle famille appartiennent les plantes qui les composent ? — Quelles sont celles que l'on cultive en Roussillon ? — Quelles sont celles qui sont cultivées dans d'autres pays ? — Quels sont les terrains les plus convenables à la luzerne ? — Quelles sont les préparations à faire à la terre qui doit être ensemencée en luzerne ? — Quelle est la quantité de graine nécessaire pour un hectare de terre ? — Quelle est la manière la plus avantageuse de semer la luzerne ? — Ne peut-on pas la mêler avec des vesces ? — La luzerne n'est-elle pas atteinte par une plante parasite ? — Comment la nomme-t-on ? — Quels moyens emploie-t-on pour se débarrasser de cette plante ? — La luzerne peut-elle revenir souvent sur le même sol ? — Qu'est-ce que l'esparcette ? — De combien de temps est sa durée ? — L'esparcette végète-t-elle en hiver ? — Qu'en fait-on alors ? — L'esparcette améliore-t-elle la terre ? — Quels sont les avantages du farouch ? — Ce fourrage, dans l'état sec, peut-il être gardé longtemps ? — Lorsque les bestiaux sont retirés des champs de farouch, que fait-on ? — Comment sème-t-on la graine de farouch ? — Le farouch est-ce une plante épuisante ? — Que fait-on pour réparer le tort qu'elle a produit à la terre ? — Que sème-t-on dans un champ qui a produit du farouch ? — Quelle est la quantité de graine suffisante pour un hectare ? — Qu'est-ce que le trèfle de Hollande ? — Comment se sème-t-il ? — Quels accidents produit le trèfle de Hollande sur les animaux ? — Quelle quantité de grain faut-il pour ensemencer un hectare ? — Dans quelles terres le lupin peut-il bien venir ? — Comment le sème-t-on ? — Quand est-ce que le lupin est bon à être mangé par les troupeaux ? — Que produit le trèfle à la terre lorsqu'il est enfoui en fleur ? — Dans quelles terres et à quelle époque la vesce doit-elle être semée ? — Quel pacage produit-elle ? — Comme fourrage sec, est-elle une bonne nourriture pour les bêtes de travail ? — Quand est-ce qu'elle doit être fauchée lorsqu'elle est destinée à être gardée dans le grenier ? — Quelle est la quantité de graine nécessaire pour ensemencer un hectare ? — Quels résultats produit-elle aux terres sur lesquelles elle a été cultivée ? —

CHAPITRE XVI.

FAUCHAGE, FENAISON, RÉCOLTE DES FOURRAGES.

Il ne faut pas attendre trop longtemps pour faucher. Ce travail doit se faire quand les épis de la plus grande partie des graminées qui composent les prairies naturelles finissent leur fleuraison. Si les épis ont mûri leurs grains, les tiges deviennent dures et perdent beaucoup trop de leur valeur nutritive. Il doit en être de même pour toutes les légumineuses qui constituent les prairies artificielles, et on fera très-bien de faire le premier fauchage des luzernes aussitôt que la fleur commence à paraître ; en agissant ainsi, on arrive plus tôt à la seconde coupe, qui doit nécessairement être plus abondante. Les regains doivent être fauchés plus tôt que plus tard, le foin n'en sera que meilleur. Il faut veiller à ce que le fauchage s'effectue également partout et très-près de terre, parce que c'est là précisément que l'herbe est le plus épaisse.

Aussitôt que le foin a été coupé, il faut le travailler, c'est-à-dire le remuer avec une fourche de bois. Si l'herbe a été fauchée le matin ou par la pluie, on laisse en andains jusqu'à ce que la rosée ou l'eau de la pluie soit dissipée ou qu'on ait apparence de beau temps. Alors on la répand le mieux possible, puis on la retourne, on la soulève, on la divise avec la fourche. Cette opération se répète deux ou trois fois dans le courant de la journée. Les foins abattus pendant le jour pourront, si le temps est sec et le soleil fort, être travaillés de la même manière.

Si le soir l'herbe n'est pas sèche, on la met en petits tas pouvant contenir chacun huit ou dix kilogrammes seulement de foin. L'herbe ainsi mise en tas présente une moins grande surface à la rosée que si elle restait étendue, puisqu'il s'opère pendant la nuit une sensible évaporation. Le lendemain matin, on étendra l'herbe des petits tas, on les réunira dans un carré de telle manière que le soir ou le lendemain matin on puisse établir une grande meule où le foin jette son premier feu, mais on doit se garder de l'y laisser trop longtemps ; c'est sous le toit de la ferme que la fermentation doit avoir lieu. Plus les prés sont gras, plus les herbes sont succulentes et plus aussi est lente leur dessication, mais jamais elle ne doit être extrême. Il ne faut point redouter l'inflammation spontanée, comme l'a dit M. de Dombasle, si l'on empêche le courant d'air ; pour obtenir ce résultat, on fermera bien hermétiquement les portes et les fenêtres des greniers. Pour prévenir la détérioration de la surface du foin mis au grenier, il est bon de le couvrir d'une couche de paille, qu'on enlève quand la fermentation est terminée. Le foin, de quelle nature qu'il soit, ne doit pas rester exposé aux ardeurs du soleil : voilà pourquoi il est bien recommandé de le mettre le plus tôt possible en petites meules.

On avisera au moyen de ne charger le foin sur les charettes et de le transporter à la ferme que le bon matin ou lorsque la chaleur est tombée ; les plantes se dépouillent alors bien moins de leurs feuilles. On aura soin de mettre dans les greniers le foin par couches bien égales et de le bien presser, surtout contre les murs, à moins qu'on ne l'en écarte, ce qui vaudrait mieux.

Tout ce qui vient d'être dit, touchant la fenaison du foin, s'applique aux autres plantes fourragères. Bien fanés, bien rentrés, le trèfle et la luzerne valent certainement du foin de première qualité, et sont supérieurs à bien des foins considérés comme bons, tandis que souvent ils n'ont qu'une qualité très-inférieure parce qu'on n'a pas su les sécher. Le premier mal est qu'on attend trop tard pour faucher la luzerne qui doit subir cette opération avant que les fleurs aient mûri leurs graines, et quant aux trèfles, le fauchage doit avoir lieu lorsqu'il fleurit, mais avant qu'une partie des plantes commence à défleurir. Si l'on attend plus tard, les feuilles du bas des plantes pourrissent, les tiges deviennent dures, ligneuses ; et si on gagne quelque chose en quantité sur la première coupe, on le perd d'abord en qualité, puis il reste d'autant moins de temps pour la végétation des coupes suivantes.

Le second abus est de faner le trèfle, de le retourner, de le secouer, comme on le fait pour les graminées. Si on le traite ainsi, on perd toutes les feuilles, qui sont la partie la plus délicate et la plus substantielle, et il ne reste plus que les tiges.

Pour bien sécher le trèfle, voici ce qu'il faut faire : Après le fauchage, si les andains sont trop épais, on doit les diviser à l'aide de la fourche ; s'ils sont clairs, on les laisse, sans y toucher, jusqu'à ce que la superficie soit sèche, ce qui, par un soleil ardent, a lieu en un jour. Le lendemain on les retourne en rapprochant deux andains l'un de l'autre et en râtelant la place qu'il ont occupée. On les met ensuite en petits tas comme le foin, et, si la température est très-favorable, après trois jours, la dissécation peut être suffisante.

Il faut avoir soin de ne toucher au trèfle que le matin et le soir, soit pour le retourner, soit pour le charger et le rentrer. Un peu d'humidité, produite par la rosée, doit empêcher la chute des feuilles, et cette humidité ainsi que la couleur verte des tiges ne doivent donner aucune inquiétude pour la conservation de la récolte, pourvu que la masse soit bien tassée et soustraite aux courants d'air.

QUESTIONNAIRE.

Quand est-ce que le fauchage des prés doit se faire ? — Si les prés ont mûri leurs graines, qu'arrive-t-il ? — Doit-il en être de même pour toutes les légumineuses ? — Que faut-il faire au foin aussitôt qu'il a été coupé ? — Si le soir l'herbe n'est pas sèche, que faut-il faire ? — Comment doit-on procéder le lendemain matin ? — La dessiccation doit-elle être poussée à l'extrême ? — Doit-on redouter l'inflammation spontanée des foins dans les greniers ? — Que faut-il faire pour l'empêcher ? — Que faut-il faire pour prévenir la détérioration de la surface du foin ? — Doit-il rester exposé aux ardeurs du soleil ? — Quand est-ce qu'il faut charger le foin ? — Quel soin doit-on avoir en rentrant le foin dans les greniers ? — Lorsque les trèfles et la luzerne ont été bien fanés, bien rentrés, quelles qualités acquièrent-ils ? — Faut-il attendre longtemps pour faucher la luzerne ? — Quand est-ce que les trèfles doivent être fauchés ? — Si l'on attend trop tard pour faucher, qu'arrive-t-il ? — Est-ce bien fait en fanant le trèfle de le secouer, de le retourner, comme on le fait pour les graminées ? — Quels sont les procédés à employer pour bien faner le trèfle ? — Quand est-ce qu'il faut toucher au trèfle pour le charger et le rentrer ? — Que fait le peu d'humidité produite par la rosée ? — Cette humidité et la couleur verte des tiges doivent-elles donner de l'inquiétude pour la conservation de la récolte ?

DE L'HIVERNAGE. [1]

L'hivernage est un fourrage composé de diverses plantes cultivées en automne et dont la récolte n'a lieu ordinairement qu'après la moisson des blés.

---

[1] Le mot hivernage sert aussi à désigner les travaux qui sont faits aux vignes pendant l'hiver.

Ce fourrage est un mélange de vesces d'hiver, de seigle, d'escourgeon ou orge d'hiver et de blé. Ce mélange peut varier dans les proportions des différentes espèces de graines, mais les portions les plus convenables pour assurer la récolte et constituer un fourrage artificiel des plus riches en principes nutritifs sont les suivants :

Pour un hectare de terre :

1° 2 hectolitres de seigle.
2° 2 décal. d'escourgeon, orge.
3° 2 décalitres de blé.
4° 4 décalitres de vesces.

Pour un ayminate (60 ares) :

1° 120 litres de seigle.
2° 12 litres d'escourgeon.
3° 12 litres de blé.
4° 24 litres de vesces.

Avant de transporter ces graines au champ pour les y semer, il faut avoir soin de les bien mêler ensemble avec la pelle en bois.

L'hivernage se sème le plus ordinairement sur récolte de blé et après un ou deux labours, de la fin d'octobre jusqu'au 15 ou 20 novembre. La récolte ne doit avoir lieu qu'après la maturité des graines des différentes espèces de plantes qui entrent dans la composition du mélange.

Ainsi récolté, l'hivernage est composé de diverses plantes qui toutes sont parvenues à leur maturité complète. Cette circonstance n'entraîne à aucun frais de dessication, et après la coupe le fourrage peut être botelé sur place comme le blé.

Un hectare d'hivernage fournit jusqu'à 11,250 kilogrammes, soit 6,750 kilog. par ayminate, d'excellent fourrage sec, très-nourrissant. Il contient des graines amilacées et accompagnées de tiges qui ont le triple but de servir de lest, de nourrir l'animal et de le forcer, en quelque sorte, à triturer les graines et à éviter par cette trituration des indigestions dangereuses. Une botte du poids de 7 kilogrammes et demi constitue la ration journalière d'un cheval de travail.

L'hivernage, récolté et botelé, doit autant que possible être mis en meule pour passer l'hiver au grand air ; les vesces, qui en forment la base, produisent un fourrage qui est long à terminer sa fermentation ; ce n'est qu'après l'hiver, quand les tiges ont pris une teinte jaunâtre, qu'il devient aussi sain que nourrissant.

L'hivernage est d'une grande ressource pendant les rudes travaux de printemps et lorsque surtout les greniers sont à peu près vides.

Qu'entend-on par hivernage ? — Quelles sont les graines qui, étant mélangées, forment ce fourrage ? — Quelles sont les proportions les plus convenables pour constituer ce fourrage artificiel ? — Que faut-il faire avant de semer les grains ? — Sur quoi se sème l'hivernage ? — Quand est-ce que la récolte de l'hivernage doit avoir lieu ? — Ainsi récolté, de quelles plantes l'hivernage est-il composé ? — Quelle quantité de fourrage produit l'hivernage, soit par hectare, soit par ayminate ? — Lorsque l'hivernage est récolté et bottelé comment doit-il être placé ? — Quand est-ce surtout que l'hivernage est d'une grande ressource ?

CHAPITRE XVII.

DES IRRIGATIONS.

On entend par irrigations l'art de répartir les eaux sur la surface du sol et de les distribuer avec régularité.

Les eaux de ruisseau ou de rivière qui charrient des matières limoneuses constituent les meilleures irrigations. Les eaux de source vive contiennent toujours une certaine quantité de terre calcaire en dissolution, et sont propres également à une bonne irrigation. Toutes les eaux, de quelle source qu'elles proviennent, s'améliorent en parcourant un long espace de terrain.

Pour obtenir de bonnes irrigations, c'est-à-dire pour qu'elles soient bien faites, le point le plus important consiste à niveler d'abord bien exactement le terrain ; à établir ensuite des rigoles ou agouilles d'écoulement, afin de maîtriser les eaux, soit qu'on veuille irriguer, soit qu'on ne le veuille pas. La profondeur et la largeur des rigoles doivent être subordonnées au volume d'eau dont on peut disposer. Une chose à laquelle il faut apporter la plus grande attention, c'est qu'il faut d'abord faire arriver l'eau à la partie la plus élevée de la prairie, d'où elle s'écoule facilement dans toute la surface du champ, au moyen de petites rigoles qu'on multiplie dans tous les sens comme un réseau, ayant soin de laisser, de distance en distance, tout le long de ces rigoles, des gazons qui servent à arrêter l'eau et à la faire refluer vers les parties où elle n'arriverait pas sans ces petits barrages.

Lorsque la pente du terrain est rapide, il faut rapprocher davantage les rigoles, parce que l'eau est plus difficile à maîtriser que dans les terrains plats.

Lorsque l'irrigation se fait par submersion, il ne faut point laisser courir l'eau, parce qu'elle ravine le terrain, en enlève les principes fertilisants et déracine une infinité de plantes. Plus l'eau sera courante sur un terrain, moins l'irrigation sera bien faite, parce que l'eau n'a pas le temps d'entrer dans la terre.

Une chose qu'il ne faut pas négliger, c'est de fermer les taupinières qui existent toujours sur les francs-bords, et par lesquelles il se perd une quantité d'eau considérable.

Les grandes rigoles ou *agouilles* doivent être bien entretenues, nettoyées et débarrassées des plantes qui y seraient venues, afin que l'eau coule plus facilement et ne déborde pas.

Les prairies naturelles doivent être irriguées avant l'hiver ; il ne faut pas craindre à cette époque de faire d'abondants arrosages, s'il n'a pas plu de longtemps. Les irrigations peuvent être continuées pendant l'hiver en baignant complétement le terrain et en laissant quelques jours d'intervalle. S'il survient des gelées, il faut tout de suite ôter l'eau, parce que la glace qui se forme sur le sol d'un pré en détruit le gazon. On prolongera les irrigations jusqu'à la fenaison, et on les pratiquera surtout la nuit autant que possible.

QUESTIONNAIRE.

Qu'entend-on par irrigations? — Quelles sont les eaux qui constituent les meilleures irrigations? — Les eaux de source vive sont-elles propres à une bonne irrigation? — Les eaux s'améliorent-elles en parcourant un long espace de terrain? — Pour obtenir de bonnes irrigations, que faut-il faire? — Quelle profondeur et quelle largeur faut-il donner aux rigoles? — A quoi doit-on porter la plus grande attention pour pouvoir bien irriguer une prairie? — Lorsque la pente du terrain est rapide, que faut-il faire? — Est-il bien de laisser courir l'eau lorsqu'on irrigue? — Que faut-il faire des tampinières? — Quels soins demandent les grandes rigoles ou agouilles? — A quelle époque les prairies doivent-elles être irriguées? — S'il survient des gelées, que faut-il faire? — Jusqu'à quelle époque faut-il prolonger les irrigations? — Quand les pratique-t-on surtout?

DU DRAINAGE. (1)

Le drainage est une opération par laquelle on dessèche les terrains trop humides au moyen de conduits souterrains ou de tuyaux appelés drains, établis profondément dans le sol, de distance en distance, pour l'écoulement des eaux.

Avant de drainer, il faut bien étudier le terrain et le sous-sol, examiner sa situation par rapport aux voisins, faire le levé du plan, enfin le nivellement.

On doit étudier le terrain pour établir les tranchées dans les parties qui demandent à être desséchées.

On doit étudier le sous-sol pour mieux connaître à quelle profondeur on creusera les tranchées et l'écartement qu'il faudra leur donner.

---

(1) Cette leçon complète ce que nous avons dit sur l'assainissement du sol, chap. IV. Dans tout cet article, excepté ce qui concerne le drainage généralement pratiqué en Roussillon, nous avons suivi pas à pas l'excellent ouvrage de M. Barral, qu'il est utile de consulter souvent.

On doit examiner la situation du terrain par rapport aux voisins, afin d'établir les tranchées de manière à ne pas nuire à la propriété sujette aux eaux du terrain drainé.

On doit faire le levé du plan du terrain à drainer, afin de retrouver facilement les points où doit se porter l'attention du propriétaire pour les réparations à faire aux drains.

On doit bien établir le nivellement du terrain à drainer, afin de donner aux tranchées la direction la plus utile.

On distingue deux espèces de tranchées : les tranchées principales et les tranchées secondaires.

Les tranchées principales sont celles qui reçoivent les eaux des tranchées secondaires. Elles sont en petit nombre, beaucoup plus grandes que les autres.

Les tranchées secondaires sont celles qui rayonnent en grand nombre sur le terrain drainé.

Les tranchées doivent toujours être dirigées dans le sens de la plus grande pente pour permettre aux eaux de s'écouler plus facilement.

Il y a, en général, trois modes de drainage : le drainage par tuyaux ou drains, le drainage vertical ou par perforation, et le drainage que l'on pratique surtout en Roussillon sous le nom de *agouillas coubertas*.

On donnera aux tranchées et aux drains les dimensions et la distance convenables selon la plus ou moins grande humidité du terrain.

L'automne et l'hiver sont, en général, les meilleures époques pour drainer à moins de frais et en occasionnant le moins de dommages. Il faut cependant préférer le moment où le sol est libre et la main-d'œuvre moins coûteuse.

Pour opérer le drainage avec les drains, on doit faire sur le terrain le tracé des tranchées, leur donner les dimensions convenables en inclinant plus ou moins le talus. Elles doivent être plus ouvertes dans les terrains pierreux, difficiles. On place ensuite les tuyaux à une assez grande profondeur et l'on remplit les tranchées de fascines, de pierres. On recouvre le tout avec la terre enlevée des tranchées, en ayant soin de remettre à la surface la terre qu'il y avait avant leur ouverture.

Les drains doivent être droits, bien ronds et bien cuits.

On pose les tuyaux en commençant par la partie la plus élevée, après avoir bien curé la tranchée.

On pratique le drainage vertical de la manière suivante :

On fait des trous assez profonds pour atteindre une couche de terre perméable ; dans chaque trou on fixe une perche que l'on enfonce assez pour ne pas gêner la culture ; on l'entoure de terre et mieux de bruyère, de mauvaise paille ou d'autres matières de même nature, et l'on recouvre le trou de terre.

Dans le Roussillon, lorsqu'on veut drainer une pièce de terre, on procède généralement de la manière suivante :

On creuse des tranchées en leur donnant la profondeur et la pente convenables pour ne pas déranger les travaux de culture ; on les remplit de pierres et l'on recouvre le tout de terre en remettant à la surface la couche de terre qui s'y trouvait déjà.

Ce drainage a l'avantage de permettre l'épierrement du sol et d'être très-économique.

Une des conditions d'un bon drainage consiste à déterminer le point d'écoulement de la tranchée principale, qui doit avoir une issue franche et nette. Ce point doit être placé sur la partie la plus basse du terrain drainé.

Les outils employés surtout pour le drainage sont la bêche et la drague. La bêche creuse est généralement employée pour les terrains argileux.

QUESTIONNAIRE.

Qu'est-ce que le drainage ? — Que faut-il faire avant de drainer ? — Pourquoi doit-on étudier le terrain ? — Pourquoi doit-on étudier le sous-sol ? — Pourquoi doit-on examiner la situation du terrain par rapport aux voisins ? — Pourquoi doit-on faire le levé du plan du terrain ? — Pourquoi doit-on bien établir le nivellement ? — Combien distingue-t-on d'espèces de tranchées ? — Quelles sont les tranchées principales ? — Comment sont-elles ? — Quelles sont les tranchées secondaires ? — Dans quels sens doivent toujours être dirigées les tranchées ? — Pourquoi ? — Combien y a-t-il en général de modes de drainage ? —

Quelles dimensions et quelle distance donne-t-on aux tranchées et aux drains ? — Quelles sont les meilleures époques pour drainer ? — Quel moment doit-on cependant préférer ? — Que doit-on faire pour opérer le drainage avec les drains ? — Dans quels terrains les tranchées doivent-elles être plus ouvertes ? — Comment place-t-on les tuyaux ? — De quoi remplit-on les tranchées ? — Avec quoi recouvre-t-on le tout ? — Quel soin doit-on avoir ? — Comment doivent être les drains ? — Par quelle partie commence-t-on à poser les tuyaux ? — Comment pratique-t-on le drainage vertical ? — Comment procède-t-on en Roussillon lorsqu'on veut drainer une pièce de terre ? — Quel avantage a ce drainage ? — En quoi consiste une des conditions d'un bon drainage ? — Sur quelle partie du terrain doit être l'écoulement ? — Quels sont les outils employés surtout pour le drainage ? — A quoi est employée la bêche creuse ?

CHAPITRE XVIII.

—

De la Vigne et de l'Olivier.

—

DE LA VIGNE.

Les terrains qui conviennent le mieux à la vigne sont les terrains neufs, c'est-à-dire qui n'ont jamais porté la vigne ou qui sont restés longtemps en repos, après qu'elle en a été arrachée. Elle réussit bien dans les sols calcaires et rocailleux. Les sols formés de débris d'ardoises sont très-bons et donnent d'excellents vins. Les coteaux bien exposés au midi rendent peu, mais ils produisent des vins de première qualité.

Celui qui voudra planter des vignes devra bien faire attention à ceci : c'est que la carinyana, le matarò, l'aramon, le terret bourret veulent être plantés dans les bas-fonds dont les terrains sont puissants ; cependant le matarò peut bien venir dans une terre de seconde qualité, et l'on peut y former un vignoble de cette espèce précieuse qui fait du très-bon vin, chargé en couleurs ; il faudrait tous les quatre ans lui donner une fumure avec des fumiers bien consommés.

La blanquette, la picapolla, la guarrigue, le muscat, la malvoisie, le macabeu viennent bien dans un terrain de seconde qualité. Les trois dernières espèces plantées dans des terres de troisième qualité produiront des récoltes minimes, il est vrai, mais le vin qui en proviendra sera merveilleux par son bouquet et sa qualité qui permettra de le garder longtemps.

Pour qu'une vigne vienne bien, il faut commencer par en défoncer le terrain au moyen d'une forte charrue ou d'une grosse pioche appelée *arrencadora*, en extraire les grosses pierres et enlever autant que possible les cailloux roulants d'une certaine grosseur. Il ne faut pas trop épierrer ces terrains, surtout s'ils sont argileux. Lorsque ce travail sera fait, on donnera plusieurs labours en tous sens à la terre qui se trouvera alors convenablement disposée pour recevoir les plants qu'on lui destine.

Si un terrain a été défoncé profondément, il sera avantageux de le laisser reposer jusqu'à l'année prochaine, à moins que ce travail n'ait été fait au printemps ou en été. La terre a le temps alors, comme on le dit vulgairement, de se cuire, c'est-à-dire d'être pénétrée des émanations de l'atmosphère. Il est certain qu'un terrain préparé d'avance réunit plus d'avantages que celui qui l'est au moment de la plantation.

La vigne se plante de chevelés *(barbats)* et de crossettes ou sarments. Les chevelés sont des plans enracinés. Les crossettes sont des sarments qu'on choisit avant ou au moment de la taille.

Lorsque le terrain est bien uni, on trace des lignes au moyen d'un instrument spécial en bois, auquel nous donnerons le nom de *compas rayonneur*. Ces lignes sont croisées et à la distance de 1 m. 50 ; à l'endroit où les deux lignes se croisent on plante le sarment. Cette plantation se fait au moyen d'un pal en fer qu'on enfonce suffisamment pour que le plant entré dans la terre à cinq ou six yeux. Une vigne qui serait plantée trop superficiellement produirait peu et n'aurait pas une longue existence. Les planteurs doivent avoir soin, lorsque le sarment a été mis dans les trous, de faire glisser dans ces trous la terre bien émiettée, afin que les radicules qui pousseront ne se trouvent pas isolées, ce qui les ferait indubitablement mourir.

La plantation de la vigne soit en crossettes, soit en chevelés doit se faire en décembre et en janvier, parce que s'il vient à pleuvoir la terre descend, garnit bien les racines des chevelés ou remplit les vides qui pourraient exister dans les trous des crossettes.

Il faut laisser les sarments, après leur taille, quinze ou vingt jours dans l'eau ; cette précaution les porte plus facilement à prendre racine. On enlève quelquefois la peau de l'extrémité qui doit être enterrée.

Si les chevelés étaient arrachés depuis plusieurs jours, il faudrait les laisser tremper 24 heures dans l'eau. Avant de les planter, il faut en couper proprement avec un instrument bien effilé toutes les racines qui ont été déchirées ou endommagées et se garder bien de toucher au chevelu qui est formé des racines les plus fines. Après les avoir mis dans les fossettes, qui auront été creusées à la profondeur et à la largeur convenables, on les couvrira de 10 à 12 centimètres de terre, qui aura été bien aérée, et sur cette terre on mettra une couche de terreau, de feuilles ou gazons consommés ; les balles de blé seraient bonnes aussi.

Il ne faut point mettre du fumier pur, parce que, s'il ne pleuvait pas au printemps, la chaleur arrivant, ce fumier ferait plus de mal que de bien. Il vaut infiniment mieux fumer les chevelés l'année suivante ; on est sûr alors de n'employer le fumier qu'à des sujets bien venus. Sur la couche préparée comme il vient d'être dit, on ramènera le restant de terre, ayant soin de ne pas la presser avec les pieds, de crainte d'endommager les racines. On ne laissera aux chevelés que la longueur nécessaire suivant la position du sol, s'il est bas ou élevé.

Une vigne plantée en crossettes vivra plus longtemps que celle qui sera plantée en chevelés ; mais celle-ci produira plus tôt du fruit.

On commence à tailler la jeune vigne après la seconde pousse ; et, au printemps prochain, on parcourt les lignes, on supprime les sarments inutiles, en ne laissant que ceux qui sont nécessaires à la bonne formation du cep qui acquerra par cette opération plus de force et de vigueur.

Pendant les trois premières années, les vignes exigent de fréquents travaux soit à la charrue, soit à la bêche fourchue (bigos). Celles qui ne sont pas labourées sont formées en ados la troisième ou la quatrième année. Il faut surtout avoir soin de ne pas y laisser croître les herbes. Pour faire périr celles qui ont poussé, il convient de travailler les vignes avant que les herbes aient produit leurs graines, et par un temps sec. Il est bien entendu que les travaux des vignes, surtout quand elles sont jeunes, ne doivent pas être faits profondément.

A la troisième année déjà, si les jeunes vignes sont bien venues, on portera une scrupuleuse attention à bien former les ceps dont le nombre de bras doit être proportionné à la bonne ou à la mauvaise qualité de la terre, et surtout à la fécondité des espèces. Ainsi, dans un terrain maigre, trois bras suffiront, tandis que dans un bon terrain, il faut laisser quatre et même cinq bras, qu'on finira par obtenir successivement par les tailles annuelles. Il ne faut pas en laisser un plus grand nombre.

La taille de la vigne est l'opération la plus importante et la plus difficile. Elle exige de l'attention, du jugement et surtout une longue expérience.

Avant de tailler un cep, l'ouvrier vigneron doit porter toute son attention sur le placement des sarments. Il lui sera facile alors de voir le sens dans lequel il devra les tailler, soit pour donner une bonne forme aux ceps, soit pour assurer une production satisfaisante. Il faut, lorsqu'il taille un sarment, qu'il laisse l'œil terminal tourné en dehors de la souche. Si cet œil se trouvait en dedans, elle ne serait pas bien ouverte, et il y aurait désordre dans l'intérieur.

Lorsqu'on formera une jeune vigne, il faudra la tenir assez haute dans les terrains bas, afin que le soleil touche mieux les grappes et leur fasse acquérir le degré de maturité nécessaire. Dans des terrains élevés, la vigne sera taillée bas, mais à un degré tel que les grappes ne touchent pas à terre, et que le vent, d'un autre côté, ne les tracasse pas, surtout lors de la fleuraison, car alors les vents emportent les étamines et le raisin coule.

La taille de la vigne ne doit jamais être plate et horizontale : il faut la faire en biseau ou en bec de flûte, lisse, unie, un peu haute du côté du bourgeon. Par le moyen de cette taille, les vents ont moins de facilité à casser les nouvelles pousses, qui se trouvent soutenues par l'onglet laissé long ; la sève, lorsqu'elle s'échappe du côté en pente, n'endommage pas les bourgeons, et le sarment acquiert plus de force.

Les travailleurs vignerons du pays épargnent trop la vigne, en ne laissant aux sarments qu'un œil. Elle produirait davantage si elle était taillée à deux yeux, comme on le pratique en Languedoc ; la souche n'en serait pas plus épuisée, et le vin ne serait pas d'une qualité inférieure ; mais il faudrait avoir soin d'émonder les ceps.

Dans certains pays viticoles de l'intérieur où l'on ne craint pas d'épuiser la vigne, où l'on veut qu'elle enrichisse le maître, on emploie deux moyens pour obtenir ce résultat : le premier consiste à laisser à la souche, si elle est forte, un sarment de la longueur de 60 à 80 centimètres, lequel est attaché horizontalement à un piquet en bois, et toujours dans la direction de la ligne ou de la rangée des souches. Ce sarment donne plusieurs belles grappes qui mûrissent très-bien ; il est supprimé à la taille prochaine. Le second moyen est le couchage dans la terre des sarments les plus bas, au bout desquels on laisse deux ou trois bourgeons. Ils produisent de bonnes grappes qu'on a soin de relever si elles traînent à terre. Ces sarments sont taillés et conservés comme marcottes, parce qu'ils ont pris racine. Ces procédés, qui ont pour but de faire produire une plus grande quantité de raisins, devraient être mis en pratique en Roussillon, notamment dans les vignobles puissants plantés en carinyana.

Ce n'est pas le moment du cours ou du décours de la lune qu'il faut précisément choisir pour la taille de la vigne. Il est facile de comprendre que ces circonstances ne produisent aucun résultat sur la fécondité de la vigne, et qu'un propriétaire qui aura un grand vignoble à faire tailler ne s'arrêtera pas parce que la lune a terminé l'une ou l'autre de ses phases, et puis, comme le disait notre illustre Arago, la lune a bien autre chose à faire que de s'occuper de plantes.

La taille ne doit être faite ni trop tôt ni trop tard. Si l'on taille trop tôt, surtout la vigne jeune, les bourgeons seront trop précoces, pour si peu que le soleil de février et de mars soit chaud et la terre baignée par la pluie, et alors ils auront beaucoup à souffrir par l'effet des gelées d'avril et du froid. Si l'on taille trop tard, la sève sortira avec abondance au détriment des bourgeons qui naîtront grêles et peu garnis de raisins. L'époque la plus favorable pour cette opération est depuis le 15 décembre jusqu'à la fin de janvier.

Le provignage qui a lieu à partir du mois de novembre a pour but de remplacer les souches qui sont mortes. Ce travail se fait en creusant une fosse de 35 à 40 centimètres de profondeur sur une longueur indéterminée. Le sarment de la souche la plus voisine est couché dans cette fosse, où il est recouvert de terre et puis taillé à deux yeux. Il arrive assez souvent que ce sarment, qui est trop court, ne peut pas être mis à la place du cep manquant ; l'année suivante, il est déterré et allongé dans la terre pour être fixé à sa véritable place. Voilà deux opérations dispendieuses. Il eut bien mieux valu planter un chevelé qui aurait moins coûté de peine et d'argent. Nous ajouterons que ce provignage ne peut pas produire un bon résultat, dans ce sens que le sarment ne donnera jamais une bonne souche, parce qu'il n'est pas assez profondément enterré et qu'il est d'ailleurs de la nature de la vigne d'être plantée verticalement et non horizontalement.

Quand une souche est vieille, il faut la déchausser presque entièrement. On fait une excavation plus grande, puis on la couche dans la terre, on laisse sortir un bon sarment pour la remplacer; on allonge dans la fosse les plus forts et les plus longs qui servent de remplaçants aux ceps qui manquent tout autour. Ce provignage est bon, mais il est coûteux. Si le sol est maigre, il sera avantageux de mettre sur la première couche de terre du fumier bien consommé, des feuilles d'arbres, des balles de blé, et de recouvrir cette fumure avec le restant de la terre. Dans des terrains de bonne qualité, on peut se dispenser de faire des fumures fréquentes.

Les grands vignobles sont travaillés avec la charrue, les petits avec la bêche fourchue (bigos). Les travaux à la bêche sont plus profitables à la vigne que ceux à la charrue, parce qu'ils endommagent moins les racines. Si l'on fait les labourages à la charrue, mieux vaut se servir de la charrue vigneronne qui n'est traînée que par un cheval. Il ne faut jamais travailler la vigne si la terre est mouillée.

Les travaux à la charrue sont très-efficaces dans les terrains glaiseux. Ceux que l'on fait subir aux vignes consistent dans un labour en automne et un au printemps ; dans le déchaussement (escausellar) des ceps, quelques binages ou raclages suffisent ensuite pour entretenir la fraîcheur dans la terre et faire périr les mauvaises herbes.

La vigne placée dans de bonnes conditions de terrain n'a pas besoin de fumier animal ; on lui en donne encore moins si l'on tient au bouquet, à la délicatesse du fruit et par conséquent à l'excellence du vin.

Lorsque la vigne s'épuise, il faut y apporter des terres neuves que l'on mêle par des labours. Elle s'accomode parfaitement des engrais végétaux bien consommés, auxquels on mêle des cendres, de la suie, de la poudre de chaux, des marcs de raisin, d'huile, etc. Les boues ou dépôts des ruisseaux d'irrigation, les poussières des routes sont encore très-bonnes. Le guano serait un excellent engrais pour la vigne, répandu à la volée et enfoui

tout de suite par un léger labour ; mais cette fumure, comme
toutes les autres, devrait être faite en décembre et en janvier,
afin que les pluies d'hiver puissent en décomposer toutes les
parties dont les racines doivent profiter. Enfin il existe une infinité de matières qui peuvent servir à rendre la fertilité à la vigne,
telles sont les plumes, le tan extrait des fosses des tanneurs, les
débris de cuirs et de peaux, les chiffons de laine. Toutes ces
matières enfouies à peu de profondeur produisent un bon engrais.
Les plantes vertes donnent encore un excellent engrais qui
maintiendra la vigne dans un bon état de fécondité pendant
quatre ans. Ces plantes, et les plus convenables sont la vesce, le
lupin, le farouch, si elles sont semées aussitôt après la vendange,
peuvent être bien venues dans le mois de mai pour être enfouies
avec la bêche ou la charrue.

Pour fumer la vigne, les uns creusent des fossettes de 30 à 40
centimètres de profondeur au milieu des quatre souches et y
placent du fumier à la hauteur de 12 à 15 centimètres et le
recouvrent ensuite ; les autres creusent de pareilles fossettes,
mais dans toute la longueur du rang des souches, et procèdent
pour tout le reste comme dans la première méthode. Si par ces
deux moyens on parvient à fumer la terre, il est bien certain
qu'en creusant les fossettes ou les rigoles, on porte un préjudice
considérable à la vigne parce qu'on lui enlève un grand nombre
de racines. Cette suppression de racines est un tort dont les
souches se ressentent pendant deux ans. La première année,
elles ne produisent presque rien, et puis le fumier qui est trop
profondément enterré se consomme sans aucun profit pour la
vigne. De ces deux procédés de fumure, il n'y a que le premier
qui puisse être mis en pratique ; mais il faut mettre le fumier à
20 ou 25 centimètres de profondeur et il faut aussi avoir soin de
ménager les racines autant que possible ; il vaut mieux les
déterrer entières pour les replacer ensuite dans la terre que de
les couper. Les premières qui sont menues et qui forment le
chevelu de la plante, sont celles surtout qu'il faut bien conserver,
parce qu'elles seules pompent la substance de la terre nécessaire
à la vie de la plante.

Le *rognage* de la vigne est une opération qui a pour objet
d'arrêter la sève et de la faire descendre jusqu'à la grappe qui

se trouvant fortifiée, ne coule pas et grossit promptement. Le rognage s'effectue en coupant les bouts supérieurs des sarments avant l'éclosion de la fleur du raisin.

L'*escourcelage* consiste dans la suppression, à la fin du mois de juillet, des nouveaux jets qui ont poussé après le rognage Cette opération a pour but de donner de l'air et du soleil au fruit qui se dispose à mûrir. Toutes les fois qu'on devra enlever des feuilles d'un cep, on coupera ces feuilles au-dessus du pétiole, au lieu de les arracher. Cette sage précaution n'endommage pas l'œil qui se trouve à l'aisselle.

On greffe la vigne lorsqu'on veut changer les cépages qui sont de mauvaise espèce. Pour bien faire cette opération, il faut attendre que la sève soit en plein mouvement, et alors on déchausse le cep à 10 ou 15 centimètres de profondeur. Avec une scie à main on en abat la partie supérieure, et avec la serpette ou un bon couteau on rafraîchit cette partie qui a été chauffée par l'action de la scie, puis on fend avec un couperet ou un fort couteau le collet destiné à recevoir la greffe qui est le sarment qu'on a taillé longitudinalement en bizeau et auquel on a fait, sous le premier nœud qui doit être le plus voisin du collet, une entaille de chaque côté, afin que le sarment, trouvant un point d'appui, ne puisse pas glisser. On introduit ensuite ce sarment ainsi préparé dans la fente, et lorsqu'on s'est bien assuré que l'écorce de celui-ci s'adapte bien avec l'écorce de la souche, on retire la cheville qui tient la fente ouverte. Cette fente se resserre et tient le sarment en respect. Il faut mettre sur la plaie d'en haut et sur la fente de la terre argileuse et mieux de l'onguent de Saint-Fiacre, et couvrir immédiatement le tout d'un vieux chiffon de toile ou de laine, et lier bien cette poupée pour que le vent ne l'emporte pas. On comblera l'excavation, ayant soin de laisser l'œil supérieur à l'air libre.

On greffe aussi la vigne avec le vilebrequin, mais il faut avoir des mèches de divers calibres pour faire les trous, les sarments n'étant pas tous de la même grosseur. Le trou étant fait à la profondeur de 6 à 8 centimètres, on enlève avec précaution cette peau légère qui couvre le sarment, et puis on l'enfonce dans le trou ; il faut qu'il y entre un peu forcément.

Il vaut infiniment mieux mettre dans la terre, aussi bien couverts que dans l'eau, les sarments qu'on a taillés quatre ou cinq semaines d'avance pour servir à l'opération de la greffe. Il ne faut pas employer des sarments dont les bourgeons seraient trop avancés.

QUESTIONNAIRE.

Quels sont les terrains qui conviennent le mieux à la vigne ? — Les sols formés des débris d'ardoises sont-ils bons ? — Que produisent les coteaux bien exposés au midi ? — A quoi devra faire bien attention celui qui voudra planter des vignes ? — Où peut bien venir le mataró ? — Que faudrait-il donner au vignoble de mataró ? — Où viennent bien la blanquette, la picapolla, la garrigue, le muscat, la malvoisie, le macabeu ? — Comment sera le vin qui proviendra du muscat, de la malvoisie, du macabeu plantés dans des terres de troisième qualité ? — Que faut-il faire pour qu'une vigne vienne bien ? — Si le terrain a été défoncé profondément, que sera-t-il avantageux de faire ? — Comment se plante la vigne ? — Qu'est-ce que les chevelés ? — Que sont les crossettes ? — Que fait-on lorsque le terrain est bien uni ? — Comment se fait la plantation ? — Quel soin doivent avoir les planteurs ? — Quand doit se faire la plantation de la vigne ? — Pourquoi ? — Où faut-il laisser les sarments après leur taille ? — Que fait cette précaution ? — Que faudrait-il faire si les chevelés étaient enterrés depuis plusieurs jours ? — Que faut-il faire avant de planter les chevelés ? — Que fera-t-on après avoir mis les chevelés dans les fossettes ? — Pourquoi ne faut-il pas mettre du fumier pur ? — Que vaut-il mieux faire ? — Doit-on presser la terre que l'on met pour remplir les fossettes ? — Quelle longueur laissera-t-on aux chevelés ? — Une vigne plantée en crossettes vivra-t-elle plus longtemps que plantée en chevelés ? — Quand commence-t-on à tailler la jeune vigne ? — Comment fait-on ? — Qu'exigent les vignes pendant les trois premières années ? — Quel soin faut-il surtout avoir ? — Quand faut-il travailler les vignes pour faire périr les mauvaises herbes ? — Quand les jeunes vignes sont bien venues, à quoi doit-on porter toute son attention ? — Combien de bras suffisent aux terrains maigres ? — Aux bons terrains ? — Quelle est l'opération la plus importante ? — Qu'exige-t-elle ? — A quoi doit porter toute son attention l'ouvrier vigneron avant de tailler la vigne ? — Comment doit être faite la taille de la vigne ? — Qu'arrive-t-il par ce moyen ? — Que font les travailleurs vignerons du pays ? — Quels moyens emploie-t-on dans certains pays viticoles de l'intérieur pour s'enrichir par la vigne ? — Pourquoi ne faut-il pas précisément choisir le moment du cours ou du décours de la lune pour la taille de la vigne ? — Quand doit être faite la taille ? — Qu'arrive-t-il si l'on taille trop tôt ? — Trop tard ? — Quelle est l'époque la plus favorable ? — Quel est le but du provignage ? — Comment se fait

10

ce travail ? — Ne vaut-il pas mieux planter un chevelé que de provigner ? — Que faut-il faire quand une souche est vieille ? — Comment opère-t-on ? — Avec quoi sont travaillés les grands vignobles ? — Les petits ? — Quels sont les travaux les plus profitables ? — Pourquoi ? — Si on laboure, de quelle charrue vaut-il mieux se servir ? — Faut-il travailler la vigne si la terre est mouillée ? — Quels travaux fait-on subir aux vignes ? — Faut-il beaucoup fumer les vignes, si l'on tient à l'excellence du vin ? — Que fait-on si la vigne s'épuise ? — Quand doit-on fumer les vignes ? — Citez quelques matières qui peuvent servir à rendre la fertilité à la vigne ? — Comment fait-on pour fumer les vignes ? — Quel dommage porte-t-on à la vigne en fumant ? — Quel est le meilleur procédé de fumure ? — Qu'est-ce que le rognage de la vigne ? — Comment s'effectue le rognage ? — En quoi consiste l'escourcelage ? — Quel but a cette opération ? — Que fera-t-on toutes les fois qu'on devra enlever des feuilles d'un cep ? — Quand greffe-t-on la vigne ? — Quand faut-il attendre ? — Comment opère-t-on ? — Ne greffe-t-on pas aussi la vigne avec le vilebrequin ? — Où vaut-il mieux mettre les sarments préparés pour la greffe ?

DE L'OLIVIER.

L'olivier se plaît de préférence dans une terre légère qui donne un accès facile à ses racines, et, comme tous les arbres, présente une vigueur de végétation étonnante dans les terres nouvellement défrichées. Néanmoins, comme il a les racines traçantes et pivotantes, il ne redoute pas les terres excessivement fortes, et il n'est même pas rare de le voir s'introduire dans les sols fortement rocailleux, dans les rocs de montagnes qu'il finit par fendre et y pousser de fortes racines.

Cet arbre appartient incontestablement à la classe des végétaux qui tirent une grande partie de leur nourriture de l'absorption de l'air, puisqu'on le voit réussir passablement bien dans les terres les plus arides ; mais si ces terrains lui conviennent, il n'a pas une longue durée dans ceux qui sont naturellement humides. Les irrigations cependant ne lui sont pas nuisibles.

L'olivier se propage par semis, par boutures sur copeaux, par des brins ou jeunes branches gourmandes et par des plançons.

Si l'on veut faire un semis, on défonce et on prépare bien un lopin de terre dans lequel on jette des noyaux d'olives qu'on aura soin de récolter bien mûres. On recouvre ces noyaux de 10 centimètres de terre ; ils ne présentent leurs plantules que le printemps suivant. On donne tous les ans un léger labour avec la bêche à la terre, et lorsqu'ils ont atteint 1 mètre 50 centimètres plus ou moins, on les étête afin de leur faire prendre une bonne forme, il faut alors les assujettir à un fort tuteur pour que le vent ne les courbe pas. Si les sujets sont robustes on avisera aux moyens de laisser à chacun d'eux quatre branches, et trois seulement à ceux qui sont de moyenne force, jamais deux. L'année suivante on pourra, si les jeunes branches sont bien venues, les greffer, parce que tous les oliviers de semis sont des sauvageons.

Les boutures sur copeaux sont des branches gourmandes qu'on est obligé d'enlever aux oliviers ; elles naissent surtout à la bifurcation des branches et sur les mamelons qui se forment à l'écorce. On les enlève avec une hachette à la profondeur de 4 ou 5 centimètres sur une superficie de 2 ou 3. Cette opération peut nuire quelque peu à l'olivier, en lui occasionnant des plaies que l'on recouvre par mesure de précaution avec de l'onguent de Saint-Fiacre (2/3 de bouse de vache et 1/3 de terre argileuse : ou mêle bien).

Ces boutures se plantent dans un terrain bien défoncé, à distance convenable, à 30 centimètres de profondeur au moins. Ces plants pourront être mis en place cinq ou six ans après, parce qu'ils auront poussé vigoureusement.

Les branches simples qu'on extrait aussi des oliviers francs, réussissent très-bien ; il faut les prendre d'un diamètre quelconque, pourvu que l'écorce ou peau soit nouvelle. On fait de petits fossés de 35 à 40 centimètres de profondeur sur 45 de largeur. Si les rameaux sont flexibles, on les couche au fond et l'on relève le bout qui est ensuite coupé à 15 centimètres de terre. Si le rameau est fort, on le plante en biais. Cette opération n'est pas aussi certaine que la première ; mais les sujets qui prennent racine se développent plus promptement, parce qu'ils ont la tige plus forte. Il faut avoir soin de n'enlever aucune des jeunes branches qui sont formées tout le long de la tige ; ce ne sera qu'à la troisième ou quatrième année de plantation qu'on les supprimera et qu'on formera le jeune arbre comme on l'a recommandé pour ceux qu'on a obtenus de semis.

Les moignons des racines fortes, qui sont presque à la superficie de la terre, lorsqu'on arrache de vieux arbres, peuvent produire de bons oliviers, en les mettant à terre à 40 centimètres de profondeur ; ils donnent déjà l'année suivante de belles pousses, qui, traitées comme nous l'avons dit, seront assez fortes cinq ou six ans après pour être transplantées ailleurs.

Les plançons sont de jeunes arbres de 4, 5 ou 6 ans qu'on a arrachés des endroits où ils sont venus naturellement ; ce sont des sauvageons qu'il faudra greffer. Comme ils sont pourvus de bonnes racines, leur reprise est certaine. Il y en a d'une autre espèce qui sont séparés des troncs des vieux arbres ou des souches de ceux qu'on a coupés. Ces plançons ne sont guère pourvus de racines, mais comme ils adhèrent à une bonne portion de la souche mère, ils reprennent facilement s'ils sont plantés dans de bonnes conditions.

On a l'habitude dans le pays de couper tout à fait la tête aux plançons que l'on traite comme des plançons de saule. C'est agir en sens contraire de la physiologie végétale, qui veut qu'on proportionne autant que possible le nombre des branches qu'on doit laisser au nombre des racines existantes. Quoique celles-ci soient en petit nombre ou qu'elles paraissent ne point exister, elles ne manqueront pas de se produire en nombre suffisant aussitôt que la sève se sera mise en mouvement ; c'est pourquoi on a tort de décapiter les oliviers-plançons. Avant de les arracher, il faut en disposer les branches de manière qu'il y en ait quatre s'ils sont fortement constitués, et trois s'ils sont de moyenne force ; cette préparation doit se faire trois ou quatre ans à l'avance. Au moment de la plantation on coupe les branches à la hauteur de 10 à 12 centimètres à partir de leur empâtement. Il est facile de comprendre que les bourgeons auront plus de facilité à percer l'écorce de ces jeunes branches que celle des plançons, qui est naturellement plus dure. Leur reprise sera certaine.

Lorsqu'on a une plantation d'oliviers à faire, il est de la plus haute importance de creuser les trous au moins trois mois à l'avance, afin que l'air pénètre bien l'intérieur de la terre. Avant de placer les jeunes arbres dans les trous, il convient d'en travailler légèrement la terre qui forme le fond, et de couper avec un instrument bien effilé les racines endommagées. Cette opération faite, on procèdera à la plantation. Chaque arbre sera soutenu par un homme qui portera son attention à le tenir bien droit et en ligne, tandis qu'un autre homme jettera avec la bêche la terre d'alentour, ayant soin de faire arriver la première celle qui est à la surface, et, lorsque les racines auront été couvertes de 30 centimètres environ de terre, on mettra dessus une couche de bon terreau ou de fumier bien consommé, ou de gazon, ou de feuilles d'arbres ; on finit ensuite de ramener l'autre terre dans le trou.

Il ne faut pas mettre les plançons tremper dans l'eau. La seule chose qu'on puisse faire, lorsqu'ils auront été arrachés depuis plusieurs jours, c'est de les laisser deux ou trois heures au plus dans l'eau, dans laquelle il sera bon d'amener un peu de jus de fumier.

On a l'habitude de planter les oliviers dans le mois d'avril ou de mai. L'époque la plus favorable pour la plantation de cet arbre, comme pour tous les autres, est depuis la mi-novembre jusqu'à la fin de janvier. La sève n'est pas alors en mouvement, la terre est plus humide, les rayons du soleil sont moins ardents, la racine de l'arbre s'amalgame mieux avec la terre. Le soleil échauffant celle-ci par degrés fait remonter aussi par degrés la sève sans dessécher l'écorce, les boutons poussent alors avec facilité.

La greffe de l'olivier se fait en couronne, en flûte, en écusson. Ce dernier mode a été généralement adopté Cette greffe se fait ainsi : On lève sur le sujet que l'on veut mettre à la place d'un autre une plaque carrée d'écorce munie d'un œil au milieu. On fait tout de suite sur le sujet deux incisions transversales pareilles, à la distance convenable l'une de l'autre. On incise perpendiculairement de l'une à l'autre de ces lignes en suivant bien le milieu ; on détache adroitement les deux portions d'écorce qu'on ouvre comme deux petits volets de fenêtres ; on les échancre un peu à leur bord pour faire place à l'œil. On ajuste l'écusson ; on rabat sur cet écusson, aussitôt qu'il a été placé, les deux parties d'écorce de branche greffée et on ligature avec un lien d'écorce de mûrier, de saule ou de figuier huit jours après on découvre l'œil de la greffe en cassant le lien.

On doit visiter les jeunes arbres plusieurs fois pendant les trois premières années soit pour les ébourgeonner en ne leur laissant que la seule branche produite par la greffe, soit pour assurer les nouvelles pousses par des tuteurs où par des liens. S'il ne pleut pas et que les arbres nouvellement plantés souffrent, il faut les arroser.

Lorsque l'olivier a atteint l'âge de cinq ans, et qu'il est formé sur trois ou quatre branches, il faut l'émonder légèrement tous les ans jusqu'à sa dixième année : opération qui se fait en lui enlevant les pousses gourmandes et toutes les branches secondaires qui se dirigent vers l'intérieur de l'arbre. Quant aux branches principales, appelées branches-mères, on les éclaircira en laissant les branches secondaires sur toute leur longueur et en dehors. Celles-ci seront à des distances régulières, autant que possible, et de manière qu'elles ne puissent ni se gêner ni s'entrelacer. Il résultera de cette taille un arbre bien garni de rameaux dans toutes ses parties et débarrassé dans son intérieur de tous ceux qui empêcheraient la circulation de l'air. On fera attention à une chose bien importante, c'est qu'à cause du vent qui règne dans le pays, il faut laisser les branches-mères du côté du vent du N.-O. plus garnies de rameaux que les autres.

Lorsque l'olivier a trente ans de plantation, c'est alors qu'on doit seulement commencer à couper les branches-mères. Cette opération, si elle était faite avant ce temps, porterait préjudice à la récolte ; si elle était trop retardée, les branches qui seraient supprimées, étant trop vieilles, repousseraient difficilement.

Lorsque l'arbre est formé sur quatre branches, on taille les deux plus grosses du même côté. Si on les prenait alternativement, celles qui resteraient, étant placées à des distances égales et sur les côtés opposés, attireraient à elles toute la sève de l'arbre et empêcheraient le bois des couronnés d'émettre de nouvelles pousses.

Si l'olivier est formé par trois branches, il faut toujours commencer par la plus grosse et n'en retrancher qu'une ; s'il s'en trouvait quelqu'une de malade ou mal formée, on pourrait la couper la première.

On ne doit jamais former l'olivier sur deux seules branches. Si l'on n'a pu s'en empêcher, il ne faudra entreprendre la taille que lorsque l'arbre aura atteint sa quarantième année, en opérant toujours sur la plus grosse branche. Mais si la petite était chétive et souffreteuse, il faut conserver la grosse, couper la

petite très-ras, et provoquer la sortie de nouveaux jets, ou conserver ceux qui existeraient sur la grosse branche, dans la partie la plus rapprochée du tronc. Ces pousses ayant acquis la
force nécessaire pour la production, on supprimera la branche
au-dessus des jets, et on formera avec eux la tête de l'arbre qui
prendra bientôt un grand développement et ne tardera pas à
être d'un bon rapport.

Le couronnement de deux branches sur quatre ou d'une sur
trois ayant été opéré la trentième année après la plantation,
l'arbre sera pourvu de deux grosses branches en plein rapport et
d'une grande fécondité. Au bout de dix ans, les nouvelles branches venues sur le moignon de celles qui ont été précédemment
coupées, produiront déjà beaucoup de fruit, et alors on couronnera la plus grosse des deux qui avaient été conservées. L'arbre
sera formé de cette manière par une branche de quarante ans et
de deux de dix ans pour ceux à quatre branches, et par une de
quarante ans et une autre de dix pour ceux à trois branches.
A cette époque aussi on couronnera la plus grosse branche de
l'olivier qui n'en a que deux.

Dix ans après la deuxième taille, on coupera la dernière
branche, qui aura alors cinquante ans, et l'arbre se trouvera
totalement rajeuni.

La même opération sera recommencée dix ans plus tard sur
les premières branches supprimées, et l'on agira toujours ainsi,
afin de maintenir constamment l'arbre garni d'une grande quantité de bois en plein rapport.

Avant de tailler une branche, il faut s'assurer de l'espèce à
laquelle l'olivier appartient. L'espèce *ouâ*, par exemple, qui a
les yeux ou bourgeons écartés, doit être taillée plus long, c'est-à-
dire que dans la partie tenant au tronc il importe de laisser les
yeux nécessaires à la reproduction d'autres branches. L'écorce
des tronçons sur lesquels on a opéré étant épaisse et raboteuse,
parce qu'elle est déjà assez vieille, doit être enlevée sans endommager l'épiderme, au moyen d'un instrument fait exprès et qu'on
appelle *racloir*. Cette opération a pour but de faciliter l'éclosion
des bourgeons.

Les bourgeons ne manqueront pas de sortir et de se développer
au printemps prochain. On les laissera croître sans les toucher.
Ce ne sera qu'à la seconde année qu'on les éclaircira, en ne lais-

sant que cinq ou six branches qu'on trouvera les mieux disposées, les plus vigoureuses et de préférence les plus rapprochées du tronc. A la troisième, on les émondera et on supprimera ceux qui auraient poussé de nouveau sur le bois de la couronne ; à la quatrième, on n'en laissera que trois ou quatre, toujours les mieux placés, et qui seront émondés ; à la cinquième, on n'en conservera que deux ; et à la sixième, on choisira celui qui doit remplacer la branche-mère qu'on aura soin d'émonder. Il est important de retrancher le chicot ou bois mort de la couronne qui se trouvera au-dessus de cette jeune branche ; par cette opération, la plaie se cicatrisera facilement et se couvrira d'écorce, si surtout on la recouvre d'onguent de Saint-Fiacre ou de Coaltar.

On effectuera la taille des branches-mères dès le mois de février, avant la reprise de la sève. C'est l'époque à laquelle l'olivier a donné sa récolte et qu'on n'a plus à craindre les froids. C'est une mauvaise méthode et qui peut produire de fâcheux résultats, que de tailler cet arbre aussitôt après qu'on en a enlevé le fruit.

La taille des oliviers ci-dessus détaillée est la seule pratiquée en Ampurdan (Catalogne). Ainsi taillés, ces arbres produisent des récoltes doubles de celles du Roussillon.

La taille de l'olivier n'est pas la même dans les diverses parties du département. Elle est généralement mal faite ; c'est-à-dire sans raisonnement et sans aucun principe, ce qui prouve l'ignorance complète de la physiologie végétale de la part des ouvriers qui taillent les arbres. On suit peut-être trop à la lettre cet ancien axiome du pays : *despulla mé y jo te cestiré* (dépouille-moi et je t'habillerai). C'est un préjugé dont on est entêté et dont les routiniers se sont emparés. Il est contre nature de mutiler un arbre pour lui faire porter du fruit. Est-il bien prouvé qu'en abattant les branches de l'olivier, à ne lui laisser presque toujours que quelques jeunes pousses, on ait une récolte plus abondante ? Cela ne peut être, parce qu'on enlève des grosses branches qui sont en plein rapport, et que les jeunes pousses resteront longtemps improductives.

L'olivier est un arbre qui a de nombreuses et fortes racines ; il ne faut donc pas le débarrasser de ses branches. On ne doit

lui enlever que celles qui sont trop vieilles, reconnues infruc-
tueuses, ou que quelque accident a tordues ou brisées. Si on lui
coupe des branches qui sont pleines de vie, et leur écorce le dit
assez, comme on a l'habitude de le faire, on force l'arbre à
pousser un nombre considérable de jets qui épuisent le tronc, le
font devenir malade, et souvent déterminent sa mort. S'il est trop
ébranché, il ne peut plus respirer par le moyen des pores des
feuilles qui ne sont pas suffisantes ; la sève alors ne peut plus
circuler. Il résulte de plus de l'ébranchement trop répété, des
cicatrices considérables qui, en se desséchant pénètrent jusques
dans le cœur du tronc dont elles déterminent la carie ; il faut
alors le débarrasser de ce bois mort, opération qui s'appelle en
catalan *desfogar* ; d'où il résulte tout le long du tronc des trous
et des fentes qui, s'étendant par la suite du temps, font qu'il
s'ouvre en deux, trois et quatre parties. Si l'olivier n'était pas le
plus robuste des arbres, il y a longtemps qu'il aurait disparu de
la plaine du Roussillon où, en général, il n'est plus qu'un cada-
vre par l'effet des mutilations qu'on lui fait subir.

A Banyuls-sur-Mer, les oliviers sont très-bien traités : là il n'y a
point de taille proprement dite, ces arbres sont formés sur trois
ou quatre branches, partant d'un tronc presque toujours bas ;
l'arbre est très-bien ouvert, il n'est pas garni de branches inté-
rieurement : ce n'est que dans des cas tout-à-fait extraordinaires
que les grosses branches sont couronnées.

L'élagage et l'émondage sont les seules opérations pratiquées
sur cet arbre qui est bien arrondi ; c'est-à-dire que les branches
composant sa belle structure ne montent pas plus les unes que les
autres. Il résulte de la bonne et rationnelle méthode de Banyuls-
sur-Mer des récoltes abondantes que ne produiront jamais les
oliviers des autres parties du département. Une chose remar-
quable et qui résulte aussi de cette taille, c'est que les troncs
sont entiers et non ouverts et misérables comme ceux de la plaine.
Il faut ajouter qu'un grand nombre de propriétaires du département, parmi lesquels nous citerons MM. Gaspard de Çagarriga et
Numa Lloubes, ont fait venir des tailleurs d'oliviers espagnols et
s'en sont bien trouvés. Persévérera-t-on ?

La Société agricole, scientifique et littéraire des Pyrénées-
Orientales s'était proposé de faire venir des tailleurs d'oliviers

provençaux, mettra-t-elle cette bonne idée à exécution ? On pourrait ainsi comparer la taille de l'Ampourdan avec celle de la Provence.

L'olivier pourrait bien se passer de toute espèce de fumure. Le fumier animal, à moins qu'il ne soit parfaitement consommé, est celui qui lui convient le moins. Il se contente très-bien des décombres des vieux murs, des cendres, des boues provenant du curage des ruisseaux, des balles de blé, des marcs de raisin, des grignons des olives, etc. Ces matières doivent être placées tout autour de l'olivier, à un mètre loin du tronc et à une profondeur de 25 à 30 centimètres au plus. Là se trouvent les plus petites racines qui sont chargées de pomper les sucs des substances propres à la vie de l'arbre.

Il y a six espèces d'olives connues dans le pays sous les noms de olive franche ou sauvage, *corconadella*, du mot *corch*, parce qu'elle est souvent attaquée du ver qui la dévore ; *ouas* ou *aguana*, terminée en pointe, à peu près de la même grosseur que la précédente ; *rerdal*, plus petite, produisant beaucoup, mais donnant une huile verdâtre ; *pomal*, plus grosse que toutes les autres, plus propre à confire qu'à faire de l'huile ; la *picholine* ou *cornichon*, que l'on confit toujours ; elle est très-rare. (1)

Une chose bien reconnue, c'est que plus on laisse mûrir les olives, plus elles produisent d'huile. On les cueille beaucoup trop tôt dans certaines localités. L'espèce verdal peut attendre jusque après le mois de février ; elle est longue à mûrir.

La meilleure méthode pour cueillir les olives, c'est de faire cette opération à la main et de bien secouer les branches. Lorsque les olives sont mûres, elles tombent facilement. Le battage des oliviers avec une perche est très-mauvais, parce que la perche meurtrit plus ou moins les rameaux soumis à sa percussion, ce

----

(1) En Andalousie, il y a un olivier qui est très-commun et que M. Azéma, ancien vice-consul d'Espagne, a essayé de naturaliser dans sa propriété, à Villeneuve-de-la-Raho. Cet olivier, qui porte le nom d'*arbequina*, donne beaucoup de fruit et une huile bonne et fine. Cet arbre ne craint ni le froid ni la grande chaleur ; il a l'aspect d'un sauvageon, les feuilles en sont petites, rudes au toucher, presque piquantes. On ferait très-bien de propager cette bonne espèce dans le pays.

qui ne peut manquer de causer du désordre dans l'état de l'arbre. Mieux vaudrait employer, le cas échéant, un gros roseau sec que la perche ; les coups donnés par le roseau, qui est vide, ne peuvent point faire du mal, ou s'ils en font, il est insignifiant.

QUESTIONNAIRE.

Où se plaît de préférence l'olivier? — Redoute-t-il les terres fortes ? — Pourquoi ? — Où le voit-on s'introduire ? — A quelle classe de végétaux appartient-il ? — Où le voit-on réussir passablement ? — Comment se propage l'olivier ? — Comment opère-t-on si l'on veut faire un semis ? — Que fait-on si les sujets sont robustes ? — S'ils sont de moyenne force ? — Que pourra-t-on faire l'année suivante ? — Que sont les boutures sur copeaux ? — Que fait-on ? — Cette opération peut-elle nuire à l'olivier ? — Où et comment se plantent ces boutures ? — Les branches simples qu'on extrait de l'olivier réussissent-elles ? — Comment opère-t-on alors ? — Cette opération est-elle aussi certaine que la première ? — Quel soin faut-il avoir ? — Que peuvent produire les moignons des racines ? — Que sont les plançons ? — Que fait-on des plançons séparés des troncs des vieux arbres ? — Quelle habitude a-t-on dans le pays à l'égard des plançons ? — Fait-on bien de les ôter ? — Que veut la Physiologie végétale ? — Que doit-on faire avant d'arracher les plançons ? — Que fait-on au moment de la plantation ? — Comment opère-t-on lorsqu'on a une plantation à faire ? — Mettra-t-on les plançons dans l'eau ? — Que fera-t-on lorsqu'ils auront été arrachés depuis plusieurs jours ? — Quelle est l'époque la plus favorable à la plantation de l'olivier ? — Pourquoi ? — Quel est le mode de greffe généralement adopté pour l'olivier ? — Comment se fait la greffe de l'olivier ? — Quels soins doit-on apporter à l'arbre greffé ? — Que doit-on faire lorsque l'olivier a atteint l'âge de cinq ans ? — Que résulte-t-il de cette taille ? — A quelle chose importante fera-t-on attention ? — Que doit-on faire lorsque l'olivier a trente ans de plantation ? — Qu'arriverait-il si cette opération était faite avant ce temps ? — Si elle était trop retardée ? — Que fait-on lorsque l'arbre est formé sur quatre branches ? — Que fait-on si l'olivier est formé sur trois branches ? — Doit-on former l'olivier sur deux branches ? — Si l'on n'a pu s'empêcher de former l'olivier sur deux branches, que faudra-t-il faire ? — Qu'arrivera-t-il lorsque le couronnement de deux branches sur quatre ou d'une sur trois aura été opéré la trentième année ? — Qu'arrivera-t-il dix ans après ? — Que fera-t-on ? — Comment sera formé l'arbre ? — Que fait-on aussi à cette époque ? — Que fera-t-on dix ans après la deuxième taille ? — Comment sera l'arbre ? — Comment agira-t-on dix ans plus tard ? — Par la suite ? — Que doit-on faire avant de tailler une branche ? — Que fait-on à l'écorce des tronçons ? — Avec quoi enlève-t-on l'écorce ? — Que feront les bourgeons au printemps prochain ? — Que fera-t-on alors ? — A la deuxième année ? — A la troisième année ? — A la quatrième année ? — A la cinquième année ? — A la sixième année ? — Qu'est-il important de retrancher ? — Qu'arrivera-t-il par cette opération ? — Quand effectuera-t-on la taille des branches-mères ? — Doit-on tailler cet arbre aussitôt après qu'on a enlevé le fruit ? — Où est pratiquée cette taille ? — Que produisent ces arbres ainsi taillés ? — La taille de l'olivier est-elle la même dans les diverses parties du département ? — Comment est-elle faite généralement ? — Doit-on trop enlever de branches à l'olivier ? — Quelles sont celles qu'il faut enlever? — Qu'arrive-t-il si on coupe à l'olivier des branches pleines de vie ? — Que résulte-t-il de plus de l'ébranchement ? — Que serait-il arrivé si l'olivier n'était pas si robuste ? — Comment sont traités les oliviers à Banyuls-sur-Mer ? — Que résulte-t-il de la bonne et rationnelle méthode de Banyuls-sur-Mer ? — Comment restent les troncs ? — Que faut-il ajouter ? — Que s'était proposé la société agricole des Pyrénées-Orientales ? — Que pourrait-on ainsi comparer ? — De quoi pourrait se passer le fumier ? — Quel est le fumier qui lui convient le moins ? — De quoi se contente-t-il très-bien ? — Combien y a-t-il d'espèces d'oliviers connues dans le pays ? — Qu'est-ce que l'arbequina ?

Qui a essayé de le naturaliser en Roussillon ? — Que donne l'arbequina ? — Quelle chose est bien connue ? — Quelle est la meilleure méthode pour cueillir les olives ? — Le battage des olives avec une perche est-il bon ? — Que vaudrait-il mieux ? —

———

Le Conseil général, reconnaissant l'utilité des *Éléments d'agriculture* par M. ROUFFIA, a souscrit pour 100 exemplaires à distribuer aux écoles publiques du département.

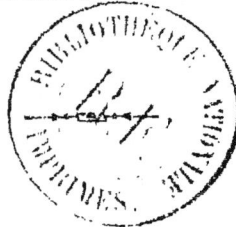

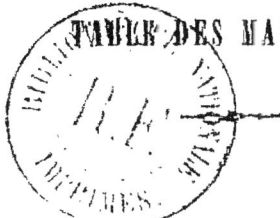

TABLE DES MATIÈRES.

Perpignan. — Imprimerie de l'Indépendant, rue des Fabriques-Nabot, 3.

EN VENTE

A la librairie MORER

LITTRÉ. — *Dictionnaire français*, broché ou relié.

BEAUJEAN. — *Abrégé du Grand dictionnaire de Littré*, 25 fascicules à 50 centimes.

Elisée RECLUS. — *Nouvelle géographie universelle. La terre et les hommes.* 500 livraisons à 50 centimes.

DURAND DE NANCY. — *Nouveau guide des Maires, des Conseillers municipaux.*

DURAND DE NANCY. — *Nouveau guide en affaires.*

Ouvrages de la BIBLIOTHÈQUE NATIONALE à 25 c. le volume.

COLLECTION RION. — *Les bons Livres à 10 centimes.*

Fournitures de bureau de toute sorte. — Impressions pour le commerce, Têtes de lettres, Factures, Mandats, Circulaires, Prix-Courants, Cartes de visite, Lettres de faire part pour Naissances, Mariages et Décès, etc., etc.

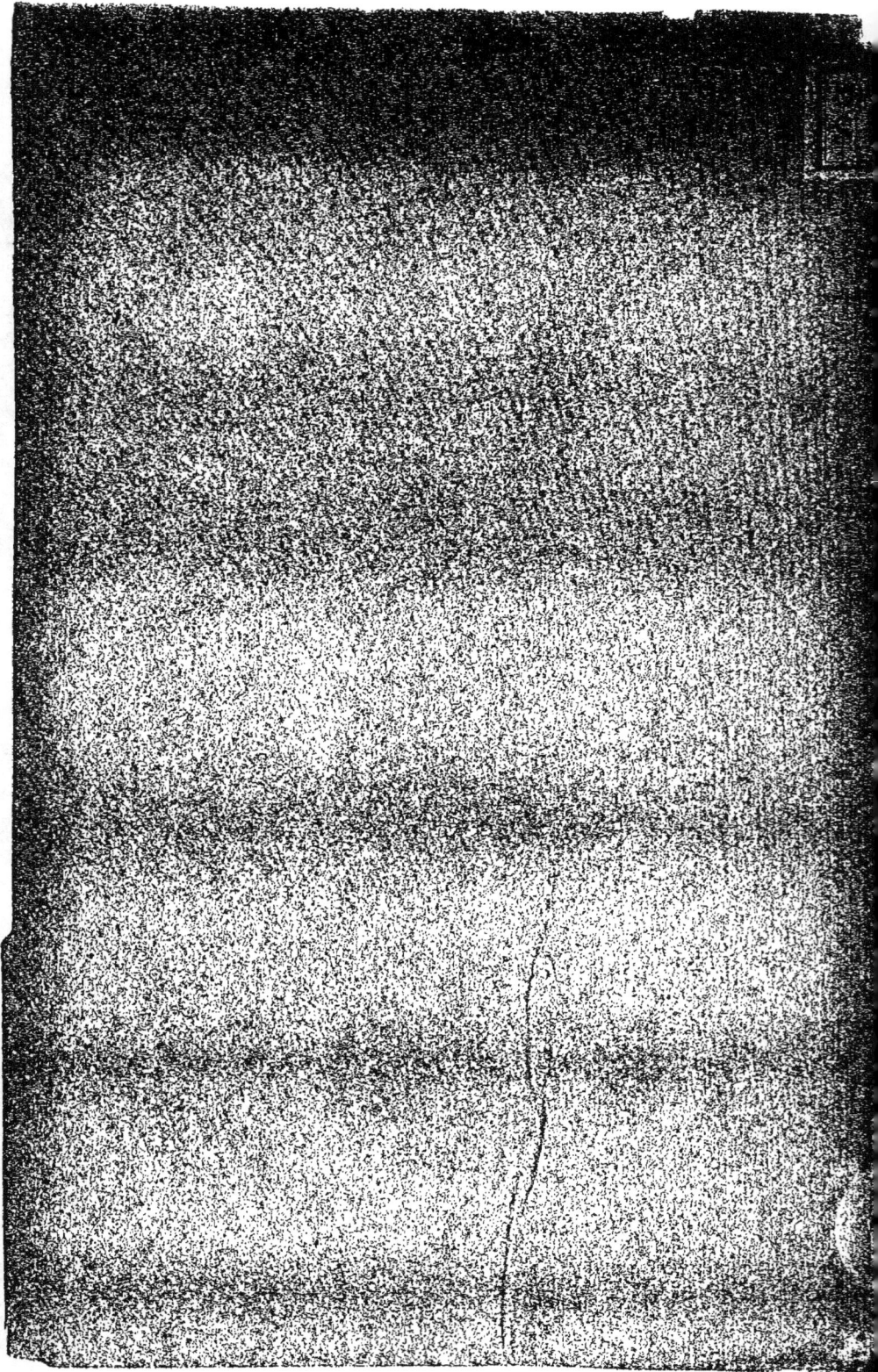

www.ingramcontent.com/pod-product-compliance
Lightning Source LLC
Chambersburg PA
CBHW050001100426
42739CB00011B/2463